CAXA CAM
数控车 2023 项目案例教程

CAXA CAM SHUKONGCHE 2023
XIANGMU ANLI JIAOCHENG

刘玉春　主编
王申银　主审

化学工业出版社

·北京·

内 容 简 介

《CAXA CAM 数控车 2023 项目案例教程》采用项目案例任务的组织方式,从基础知识入手,通过任务实例讲解操作方法。全书有 7 个项目,共 41 个实例任务,主要内容包括 CAXA 软件的基本操作、平面图形绘制、零件编程与仿真加工、工艺品零件编程与仿真加工、特殊编程加工方法、零件编程加工综合实例及实训练习等。项目 1~6 均配有项目小结、思考与练习,以便读者将所学知识融会贯通。通过这些项目任务的学习,读者不但可以轻松掌握 CAXA CAM 数控车 2023 软件的基本知识和应用方法,而且能熟练掌握数控车床自动编程的方法。项目 7 可供实训时练习使用。

本书图文并茂,内容由浅入深,易学易懂,工学结合,突出了实用性和可操作性,使读者能在完成各项任务的过程中逐渐掌握所学知识,快速入门并掌握 CAXA CAM 数控车 2023 软件的使用技巧,引导读者树立理想坚定、信念执着、不怕困难、勇于开拓、精益求精的"工匠精神"。

本书的内容已制作成用于多媒体教学的 PPT 课件,将与造型设计源文件一并免费提供给使用本书的学生、教师和企业技术人员。如有需要,请登录 www.cipedu.com.cn 下载。

本书可作为本科、高职高专院校装备制造类专业相关课程的教材,也可作为技师学院、中等职业技术学校机械加工、数控加工等专业相关课程的教材,同时也可作为参加数控技能大赛选手以及 CAD/CAM 软件爱好者的参考用书。

图书在版编目(CIP)数据

CAXA CAM 数控车 2023 项目案例教程/刘玉春主编. —北京:化学工业出版社,2024.8
ISBN 978-7-122-45672-4

Ⅰ.①C… Ⅱ.①刘… Ⅲ.①数控机床-车床-程序设计-教材 Ⅳ.①TG519.1

中国国家版本馆 CIP 数据核字(2024)第 098501 号

责任编辑:高 钰　　　　　　装帧设计:刘丽华
责任校对:李雨函

出版发行:化学工业出版社
　　　　　(北京市东城区青年湖南街 13 号　邮政编码 100011)
印　　刷:三河市航远印刷有限公司
装　　订:三河市宇新装订厂
787mm×1092mm　1/16　印张 14¼　字数 336 千字
2024 年 8 月北京第 1 版第 1 次印刷

购书咨询:010-64518888　　　　　售后服务:010-64518899
网　　址:http://www.cip.com.cn
凡购买本书,如有缺损质量问题,本社销售中心负责调换。

定　　价:49.00 元　　　　　　　　　　版权所有　违者必究

前言

制造业是国民经济的主体，是立国之本、兴国之器、强国之基。智能制造是落实我国制造强国战略的重要举措，加快推进智能制造是加速我国工业化和信息化深度融合、推动制造业供给侧结构性改革的重要着力点，对重塑我国制造业竞争新优势具有重要意义。作为智能制造的关键支撑，工业软件对于推动制造业转型升级具有重要的战略意义。

本书采用项目引领、任务驱动的模式，系统地讲解了CAXA CAM数控车2023软件应用的基本操作，二维图形绘制与编辑，内外圆车削加工、切槽、螺纹加工、端面区域加工、C轴加工等数控车中级操作技术，使读者熟悉并掌握CAXA CAM数控车2023软件的基本知识和使用方法，能独立运用软件完成中等复杂程度轴类零件的绘图，能合理设置各种工艺参数，正确进行后置处理、生成数控车削加工程序，利用软件在数控机床上完成零件的加工。本书在项目1～6后都配有项目小结、思考与练习，供读者在学完本项目后复习巩固和自我检测。

本书结构紧凑，具有鲜明的创新特色。

◆ **融入思想政治教育内容**

本书结合思想政治教育要求和本课程教学内容特点，以经典教学案例为切入点，挖掘智能制造思政元素，引导读者建立理想坚定、信念执着、不怕困难、勇于开拓、精益求精的"工匠精神"，实现智育与德育并重、润物细无声的育人目标。

◆ **工学结合，任务驱动方式**

本书以任务案例操作为知识载体，采用工学结合项目任务的组织形式来展开，坚持以"够用为度、工学结合"为原则，突出案例的"针对性""典型性""适用性""综合性"和"可操作性"，每个案例任务包括任务导入→任务分析→任务实施（零件CAD造型设计与数控编程加工）→知识拓展，详细介绍了数控车削自动编程方法和C轴加工智能化生产新方法。

◆ **体现自动编程软件最新技术**

本书以最新CAXA CAM数控车2023软件为平台，引入先进成图技术，即软件2D图形设计、二维实体仿真新技术、新工艺和新案例等，丰富读者的建模手段，使得零件二维建模更加简单、快捷，体现先进性。

◆ **循序渐进的课程讲解**

本书参编人员由长期从事数控教学一线经验丰富的专家、数控行业技术能手和企业高级技师组成。编者结合多年的教学和实践经验，按照由浅入深、循序渐进的学习顺序，从简单的零件二维图形绘制开始，到复杂的零件编程加工，对每一个指令功能详细讲解，并提示操作技巧。全书分为7个项目，共41个实例任务及300多个操作图，图文搭配得当，贴近于计算机上的操作界面，步骤清晰明了。

◆ **融入全国数控车削和数控铣削技能大赛考题**

CAXA CAM 数控车 2023 软件是全国高职及中职数控技能大赛指定软件之一，已得到学校和企业广泛认可。有了 CAXA CAM 数控车这个简洁易用的编程利器，可按加工要求快速生成各种复杂图形的加工轨迹，输出加工程序 G 代码，并对生成的代码进行校验及加工仿真。本书中部分任务案例来源于全国数控技能大赛样题，对参加各级数控技能大赛的学员有一定的参考价值，相信读者通过系统的学习和实际操作，可以达到相应的技术水平。

本书可作为本科、高等职业院校机械类专业相关课程的教材，也可作为技师学院、中等职业技术学校机械加工专业相关课程的教材，同时也可作为参加数控技能大赛选手以及 CAD/CAM 软件爱好者的参考用书。

本书的内容已制作成用于多媒体教学的 PPT 课件，并提供造型设计源文件，如有需要，请发电子邮件至 cipedu@163.com 获取，或登录 www.cipedu.com.cn 免费下载。

本书由刘玉春担任主编，济宁职业技术学院王申银副教授担任主审，吴留军、马智敏和隋国亮担任副主编，参加编写工作的还有赵渭平、黄小凤和蔡恒君。具体编写分工为：山东省枣庄市枣庄理工学校吴留军编写项目一、项目二和思考与练习答案，定西中医药科技中等专业学校马智敏编写项目三、项目四和项目五，甘肃畜牧工程职业技术学院刘玉春和长春工业技术学校隋国亮编写项目六，铜川职业技术学院赵渭平编写项目七，甘肃畜牧工程职业技术学院黄小凤老师对思想政治教育内容进行组织审核并提出了宝贵意见，南昌矿山机械有限公司高级技师蔡恒君提出了许多建议，在此表示衷心的感谢。

由于编者水平有限，加之 CAD/CAM 技术发展迅速，书中疏漏和不妥之处恳请广大读者批评指正。

编　者

2024 年 3 月

目 录

项目一　CAXA CAM 数控车 2023 软件基本操作 / 1

任务一　熟悉 CAXA CAM 数控车 2023 软件用户界面 ……………………… 2
任务二　CAXA CAM 数控车 2023 软件图层管理功能 ……………………… 10
任务三　CAXA CAM 数控车 2023 软件视图控制 …………………………… 14
任务四　CAXA CAM 数控车 2023 软件基本操作实例 ……………………… 16
项目小结 ………………………………………………………………………… 20
思考与练习 ……………………………………………………………………… 20

项目二　CAXA CAM 数控车 2023 软件平面图形绘制 / 22

任务一　手柄零件图绘制 ………………………………………………………… 22
任务二　圆弧成形面零件图绘制 ………………………………………………… 27
任务三　双曲线回转体零件图绘制 ……………………………………………… 30
任务四　抛物线轴类零件图绘制 ………………………………………………… 34
任务五　椭圆轴零件图绘制 ……………………………………………………… 37
任务六　轴套类零件图形绘制 …………………………………………………… 39
任务七　双向开口扳手绘制 ……………………………………………………… 42
任务八　六角槽轮图形绘制 ……………………………………………………… 44
任务九　成形面轴零件图绘制 …………………………………………………… 48
任务十　吊环头零件图绘制 ……………………………………………………… 52
任务十一　阶梯轴尺寸标注 ……………………………………………………… 57
项目小结 ………………………………………………………………………… 60
思考与练习 ……………………………………………………………………… 60

项目三　CAXA CAM 数控车 2023 软件零件编程与仿真加工 / 63

任务一　阶梯轴零件车削粗加工 ………………………………………………… 64
任务二　门轴零件轮廓车削精加工 ……………………………………………… 69
任务三　圆柱零件切槽加工 ……………………………………………………… 74
任务四　套筒零件车削加工 ……………………………………………………… 79
任务五　圆柱外螺纹车削加工 …………………………………………………… 88
任务六　圆锥面外螺纹车削加工 ………………………………………………… 91
任务七　成形面类零件车削加工 ………………………………………………… 94

项目小结 103
　　思考与练习 103

项目四　CAXA CAM 数控车 2023 软件工艺品零件编程与仿真加工 / 106

　　任务一　子弹挂件零件编程与仿真加工 107
　　任务二　酒杯零件编程与仿真加工 113
　　任务三　葫芦零件自动编程与仿真加工 121
　　项目小结 129
　　思考与练习 129

项目五　CAXA CAM 数控车 2023 软件特殊编程与加工方法 / 132

　　任务一　椭圆牙形异形螺纹的编程与加工 133
　　任务二　椭圆面零件等截面粗加工 136
　　任务三　椭圆面零件等截面精加工 138
　　任务四　圆柱面径向 G01 钻孔加工 141
　　任务五　圆柱端面 G01 钻孔加工 143
　　任务六　圆柱轴类零件埋入式键槽加工 146
　　任务七　圆柱轴类零件开放式键槽加工 149
　　任务八　端面五角星凸台区域加工 151
　　项目小结 156
　　思考与练习 156

项目六　CAXA CAM 数控车 2023 软件自动编程综合实例 / 159

　　任务一　压盖零件端面槽自动编程与加工综合实例 159
　　任务二　成形面轴类零件自动编程与加工综合实例 164
　　任务三　阶梯轴零件自动编程与加工综合实例 169
　　任务四　端面槽配合件的设计与车削加工 182
　　项目小结 199
　　思考与练习 199

项目七　实训练习 / 202

　　任务一　轴类零件加工练习 202
　　任务二　孔轴类零件加工练习 205
　　任务三　套类零件加工练习 208
　　任务四　配合件加工练习 211

思考与练习答案 / 215

参考文献 / 221

项目一

CAXA CAM数控车 2023软件基本操作

　　CAXA CAM 数控车 2023 软件是一款非常专业的数控车自动编程软件。软件提供了功能强大、使用简洁的轨迹生成手段，可按加工要求生成各种复杂图形的加工轨迹。新增管理树功能，文档中所有的刀具、数控车加工轨迹、G 代码信息都会被记录并显示在管理树上，新增毛坯创建功能及毛坯根据粗加工轨迹自动更新功能，支持对刀具轨迹进行二维实体仿真，并且支持 4K 高清分辨率，可以获得完美交互体验，具有 CAD 软件的强大绘图功能和完善的外部数据接口，可以绘制任意复杂的图形。本项目通过对 CAXA CAM 数控车 2023 软件基础知识工作任务的学习，引导读者快速掌握并熟练运用 CAXA CAM 数控车 2023 软件的基本操作方法。

＊ 育人目标 ＊

　　• 引导学生树立共产主义远大理想和中国特色社会主义共同理想，增强学生的中国特色社会主义道路自信、理论自信、制度自信、文化自信，立志肩负起民族复兴的时代重任。

　　• 通过剖析我国数控机床及国产 CAM 软件的发展史，明确发展中的差距，培养学生的忧患意识及使命感，激发青年学生立志报国、学习报国的使命感、荣誉感和责任感。

＊ 技能目标 ＊

　　• 认识 CAXA CAM 数控车 2023 软件的用户界面，熟悉 CAXA CAM 数控车 2023 软件的功能区面板。

　　• 掌握 CAXA CAM 数控车 2023 软件的图层管理功能、毛坯创建功能和二维实体仿真功能。

　　• 掌握常用快捷键的使用方法，提高作图效率。

　　• 掌握 CAXA CAM 数控车 2023 软件的视图控制方法。

任务一　熟悉 CAXA CAM 数控车 2023 软件用户界面

一、任务导入

CAXA CAM 数控车 2023 软件具有友好的用户界面，体现在以下方面：全中文 Windows 界面；形象化的图标菜单；全面的鼠标拖动功能；灵活方便的立即菜单参数调整功能；智能化的动态导航捕捉功能；多方位的信息提示等。本任务主要是认识 CAXA CAM 数控车 2023 软件的用户界面，了解各菜单工具栏的内容和名称，熟悉各功能区图标含义，为以后熟练操作本软件奠定基础。

二、任务分析

用户界面是交互式 CAD/CAM 软件与用户进行信息交流的中介。CAXA CAM 数控车 2023 软件的用户界面包括两种风格：最新的 Fluent 风格界面和经典界面。Fluent 风格界面主要使用功能区、快速启动工具栏和菜单按钮访问常用命令，如图 1-1 所示。经典界面主要通过主菜单和工具栏访问常用命令，如图 1-2 所示。除了这些界面元素外，还包括状态栏、管理树、选项卡、绘图区、功能区、命令行等。

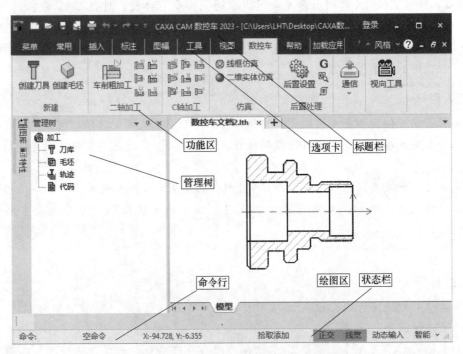

图 1-1　CAXA CAM 数控车 2023 软件 Fluent 风格界面

在 Fluent 风格界面下的功能区中单击"视图"功能区选项卡→"界面操作"功能区面板→"切换界面"图标 □ 或在主菜单中单击"工具（T）"→"界面操作（F）"→"切换（W）"，就可以在 Fluent 风格界面和经典界面中进行切换，该功能的快捷键为 F9。

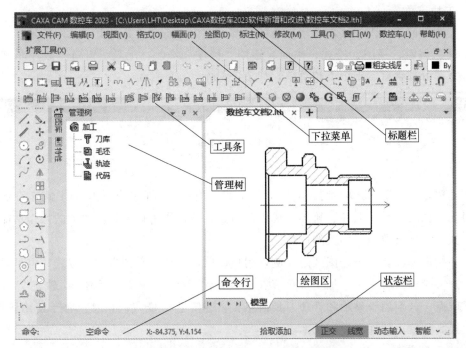

图 1-2　CAXA CAM 数控车 2023 软件经典界面

1. 标题栏

标题栏位于工作界面的最上方，用来显示 CAXA CAM 数控车 2023 软件的程序图标以及当前正在运行文件的名字等信息。如果是新建文件并且未经保存，则文件名显示为"无名文件"；如果文件经过保存或打开已有文件，则以存在的文件名显示文件。

2. 功能区

Fluent 风格界面中最重要的界面元素为功能区。使用功能区时无须显示工具栏，通过单一紧凑的界面使各种命令组织得简洁有序，通俗易懂，同时使绘图工作区最大化。

功能区通常包括多个功能区选项卡，每个功能区选项卡由各种功能区面板组成，如图 1-3 所示。

图 1-3　功能区面板

3. 绘图区

① 绘图区是进行绘图设计的工作区域，位于屏幕的中心。它占据了屏幕的大部分面积，用户所有的工作结果都反映在这个窗口。广阔的绘图区为显示全图提供了清晰的空间。

② 在绘图区的中央设置了一个二维直角坐标系。该坐标系称为世界坐标系。它的坐标原点为（0.000，0.000）。

4. 下拉菜单

在经典界面中，下拉菜单位于屏幕的顶部，它由一行菜单条及其子菜单组成。菜单条包括文件、编辑、视图、格式、幅面、绘图、标注、修改、工具、窗口、数控车和帮助等，每个部分都含有若干个下拉菜单，如图1-4所示。

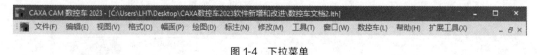

图1-4 下拉菜单

5. 管理树

管理树是CAXA CAM数控车2023新增的一项功能，它以树形图的形式，直观地展示了当前文档的刀具、毛坯、轨迹、代码等信息，并提供了很多管理树上的操作功能，便于用户执行各项与数控车相关的命令。

管理树框体默认位于绘图区的左侧，用户可以自由拖动它到喜欢的位置，也可以将其隐藏起来。管理树有一个"加工"总节点，总节点下有"刀库""毛坯""轨迹""代码"四个子节点，分别用于显示和管理刀具信息、轨迹信息和G代码信息。善于使用管理树，将大大提高数控车软件的使用效率。

6. 立即菜单

立即菜单描述了该项命令执行的各种情况和使用条件。用户根据当前的作图要求，正确地选择某一选项，即可得到准确的响应，使得交互过程更加直观和快捷。用户在输入某些命令以后，在绘图区的左侧底部会弹出一行立即菜单。

7. 绘图区右键菜单

在选择对象时，或者在无命令执行状态下，均可以通过单击鼠标右键调出绘图区右键菜单。在不同的命令状态或拾取状态下，绘图区右键菜单中的内容也会有所不同。例如在选中标题栏等实体的状态下的绘图区右键菜单会比在空命令下多出一些内容，而基本编辑操作的选项会减少。选中其他实体后，右键菜单的内容也会随之改变。

8. 工具点菜单

工具点就是在作图过程中具有几何特征的点，如圆心点、切点、端点等。

所谓工具点捕捉就是使用鼠标捕捉工具点菜单中的某个特征点。用户进入作图命令，需要输入特征点时，只要按下空格键，即在屏幕上弹出工具点菜单。

9. 对话框

某些菜单选项要求用户以对话的形式予以回答，单击这些菜单时，系统会弹出一个对话框。用户可根据当前操作作出响应。

10. 工具条

在经典界面中，可以通过单击工具条中相应的功能按钮进行操作。系统默认工具条包括"标准"工具条、"绘图工具"条、"编辑工具"条、"图幅"工具条、"颜色图层"工具条、"常用工具"条、"标注"工具条、"设置工具条"等，如图1-5所示。

工具栏也可以根据用户自己的习惯和需求进行定义。CAXA CAM数控车2023软件工具栏中每一个按钮都对应一个菜单命令，单击按钮和单击菜单命令的效果是完全一样的。通过"鼠标键""回车键""功能热键""层设置""系统设置"和"自定义设置"等基本操作，可以有效地提高绘图效率。

图 1-5 工具栏

11. 状态栏

状态栏位于窗口最下面一行，左边用于对当前操作进行提示，中间部分显示当前工具状态，右边显示当前光标的坐标值。

用户在操作时，可根据状态栏的提示，一步步地进行操作。用户一定要看状态栏，并养成看状态栏的习惯。

12. 命令行

命令行用于显示当前命令的执行状态，并且可以记录本次程序开启后的操作。如果在选项中将交互模式设置为关键字风格，那么在执行一部分命令时，命令行还起到交互提示工具的作用。

三、任务实施

① 单击任意一个菜单项，都会弹出一个子菜单，如图 1-6 所示。

② 单击"格式"菜单项→"图层"菜单项，系统会弹出"层设置"对话框。

③ 在立即菜单环境下，单击其中的某一项（例如"1. 两点线"）或按 Alt＋数字组合键（例如 Alt＋1 组合键），会改变该项的内容。

④ 在这种环境下屏幕下面状态栏只显示"屏幕点"坐标，使用空格键，屏幕上会弹出一个被称为"点工具菜单"的选项菜单。用户可以根据作图需要从中选取特征点进行捕捉。

⑤ 用绘制圆命令绘制外切圆，并利用工具点捕捉进行作图，其操作顺序如下。

a. 单击"常用"功能区选项卡→"绘图"功能区面板→"两点半径"绘圆命令。

b. 当系统提示"第一点"时按空格键，在点工具菜单中选取"切点"，拾取左边圆弧，捕捉"切点 1"。

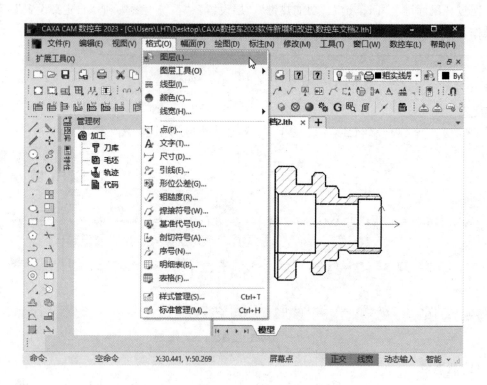

图 1-6 CAXA CAM 数控车 2023 操作界面

c. 当系统提示"第二点"时，拾取右边圆弧，捕捉"切点 2"。

d. 当系统提示"第三点（切点）或半径"时，输入连接圆弧半径，按回车键，结束绘图，结果如图 1-7 所示。

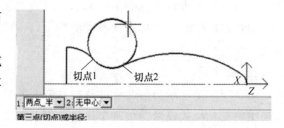

图 1-7 绘制外切圆弧

四、知识拓展

1. 键盘键

键盘输入方式是由键盘直接输入命令或数据。它适合于习惯键盘操作的用户。键盘输入要求用户熟悉软件的各条命令以及它们相应的功能，否则将给输入带来困难。实践证明，键盘输入方式比菜单选择输入方式的效率更高。

① 回车键和数值键。在 CAXA CAM 数控车 2023 软件中，当系统要求输入点时，数值键可以输入坐标值。如果坐标值以@开始，则表示相对于前一个输入点的相对坐标。回车键可以结束此命令。

② 空格键。弹出点工具菜单。例如，在系统要求输入点时，按空格键可以弹出点工具菜单。

③ 快捷键。CAXA CAM 数控车 2023 软件为用户设置了若干个快捷键。其功能是利用这些键可以迅速激活相对应功能，以加快操作速度。快捷键功能及简化命令如表 1-1 所示。

表 1-1　快捷键功能及简化命令

功能名称	键盘命令	快捷键	简化命令
新建	new	Ctrl+N	
打开	open	Ctrl+O	
关闭	close	Ctrl+W	
保存	save	Ctrl+S	
另存为	saveas	Ctrl+Shift+S	
并入	merge		
部分存储	partsave		
打印	plot	Ctrl+P	
文件检索	idx	Ctrl+F	
DWG/DXF 批量转换	dwg		
模块管理器	manage		
清理	purge		
退出	quit	Alt+F4	
撤销	undo	Ctrl+Z	
恢复	redo	Ctrl+Y	
选择所有	selall	Ctrl+A	
剪切	cutclip	Ctrl+X	
复制	copyclip	Ctrl+C	
带基点复制	copywb	Ctrl+Shift+C	
粘贴	pasteclip	Ctrl+V	
粘贴为块	pasteblock	Ctrl+Shift+V	
选择性粘贴	specialpaste	Ctrl+R	
插入对象	insertobj		ole
链接	setlink	Ctrl+K	
OLE 对象	ole		
清除	delete	Delete	
删除所有	eraseall		
重新生成	refresh		
全部重新生成	refreshall		
显示窗口	zoom		
显示平移	pan		
显示全部	zoomall	F3	
显示还原	home	Home	

续表

功能名称	键盘命令	快捷键	简化命令
显示放大	zoomin	PageUp	
显示缩小	zoomout	PageDown	
动态平移	dyntrans	鼠标中键/Shift+鼠标左键	
动态缩放	dynscale	鼠标滚轮/Shift+鼠标右键	
切换正交	ortho	F8	
切换线宽	showide		
切换动态输入	showd		
切换捕捉方式	catch	F6	
切换	interface	F9	
切换当前坐标系		F5	
切换相对/坐标值		F2	
三维视图导航开关		F7	
特性窗口		Ctrl+Q	
立即菜单		Ctrl+I	

2. 鼠标键

鼠标选择方式主要适合于初学者或是已经习惯于使用鼠标的用户。所谓鼠标选择就是根据屏幕显示出来的状态或提示,用鼠标光标去单击所需的菜单或者工具栏按钮。菜单或者工具栏按钮的名称与其功能相一致。选中了菜单或者工具栏按钮就意味着执行了与其对应的键盘命令。由于菜单或者工具栏选择直观、方便,减少了背记命令的时间。

在操作提示为"命令"时,使用鼠标右键和键盘回车键可以重复执行上一条命令,命令结束后会自动退出该命令。

3. 点的输入

点是最基本的图形元素,点的输入是各种绘图操作的基础。因此,各种绘图软件都非常重视点的输入方式的设计,力求简单、迅速、准确。系统提供了点工具菜单,可以利用点工具菜单来精确定位一个点。激活点工具菜单用键盘的空格键。

(1)由键盘输入点的坐标

点在屏幕上的坐标有绝对坐标和相对坐标两种方式。它们在输入方法上是完全不同的,初学者必须正确地掌握它们。

绝对坐标的输入方法很简单,可直接通过键盘输入 x、y 坐标,但 x、y 坐标值之间必须用英文逗号隔开(例如"10,30")。

相对坐标是指相对系统当前点的坐标,与坐标系原点无关。输入时,为了区分不同性质的坐标,CAXA CAM 数控车 2023 软件对相对坐标的输入作了如下规定:输入相对坐标时必须在第一个数值前面加上一个符号@,以表示相对。例如输入"@50,70",表示相对参考点来说,输入了一个 x 坐标增量为 50、y 坐标增量为 70 的点。另外,相对坐标也可以用极坐标的方式表示。例如"@40<65"表示输入了一个相对当前点的极坐标,相对当前点的极坐标半径为 40,半径与 x 轴的逆时针夹角为 65°。

(2)鼠标输入点的坐标

鼠标输入点的坐标就是通过移动十字光标选择需要输入的点的位置。选中后按下鼠标左键，该点的坐标即被输入。鼠标输入的都是绝对坐标。用鼠标输入点时，应一边移动十字光标，一边观察屏幕底部的坐标显示数字的变化，以便尽快较准确地确定待输入点的位置。

鼠标输入方式与工具点捕捉配合使用可以准确地定位特征点，如端点、切点、垂足点等。用功能键F6可以进行捕捉方式的切换。

（3）工具点的捕捉

工具点就是在作图过程中具有几何特征的点，如圆心点、切点、端点等。所谓工具点捕捉就是使用鼠标捕捉工具点菜单中的某个特征点。

用户进入作图命令，需要输入特征点时，只要按下空格键，即在屏幕上弹出下列工具点菜单，如表1-2所示。

表1-2 工具点菜单功能

屏幕点(S)	屏幕上的任意位置点	象限点(Q)	圆或圆弧的象限点
端点(E)	曲线的端点	交点(I)	两曲线的交点
中心(M)	曲线的中点	插入点(R)	图幅元素及块类对象的插入点
两点之间的中点(B)	两点之间的中点	垂足点(P)	曲线的垂足点
圆心(C)	圆或圆弧的圆心	切点(T)	曲线的切点
节点(D)	屏幕上已存在的点	最近点(N)	曲线上距离捕捉光标最近的点

工具点的默认状态为屏幕点，用户在作图时拾取了其他点的状态，即在提示区右下角工具点状态栏中显示出当前工具点捕捉的状态。但这种点的捕捉一次有效，用完后立即自动回到"屏幕点"状态。

工具点捕捉状态的改变，也可以不用工具点菜单的弹出与拾取。用户在输入点状态的提示下，可以直接按相应的键盘字符（如"E"代表端点、"C"代表圆心等）进行切换。

在使用工具点捕捉时，捕捉框的大小可用主菜单"工具"中的菜单项"拾取设置"，在弹出的"拾取设置"对话框中预先设定。

当使用工具点捕捉时，其他设定的捕捉方式暂时被取消，这就是工具点捕捉优先原则。

4. 右键直接操作

用户可以先拾取操作的对象（实体），后选择命令，进行相应的操作。该功能主要适用于一些常用的命令操作，提高交互速度，尽量减少作图中的菜单操作，使界面更为友好。

在无命令执行状态下，用鼠标左键或窗口拾取实体，被选中的实体将变成拾取加亮颜色（默认为红色），此时用户可单击任一被选中的元素，然后按下鼠标左键移动鼠标来随意拖动该元素。对于圆、直线等基本曲线，还可以单击其控制点来进行拉伸操作。进行了这些操作后，图形元素依然是被选中的，即依然是以拾取加亮颜色显示。系统认为被选中的实体为操作对象，此时按下鼠标右键，则弹出相应的命令菜单。如图1-8所示，单击菜单项，则将对选中的实体进行操作。拾取不同的实体（或实体组），按下鼠标右键将会弹出不同的功能菜单。

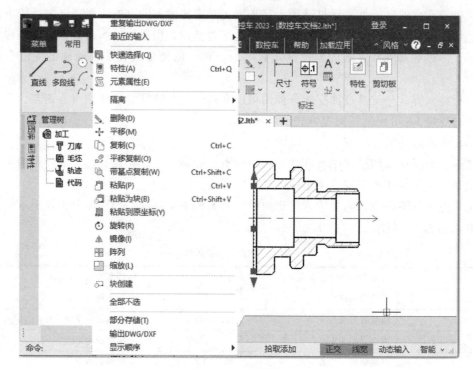

图 1-8 右键功能菜单

任务二　CAXA CAM 数控车 2023 软件图层管理功能

一、任务导入

众所周知,一张机械工程图样包含各种各样的信息,有确定图形形状的几何信息,也有表示线型、颜色等属性的非几何信息,还有各种尺寸和符号。这么多的内容集中在一张图样上,必然给设计绘图工作造成很大的负担。如果能把相关的信息集中在一起,或把某个零件、组件集中在一起单独绘制或编辑,当需要时又能够组合或单独提取,将使绘图设计工作进一步简化。图 1-9 所示为设置常用的粗实线、细实线、点画线、虚线、双点画线,为绘制工程图样所用。

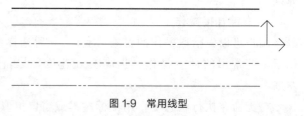

图 1-9 常用线型

二、任务分析

图层可以看作是一张张透明的薄片,图形和各种信息绘制存放在这些透明薄片上。在 CAXA CAM 数控车 2023 中可创建多个图层,但每一个图层必须有唯一的层名。不同的图层上可以设置不同的线型和颜色,所有的图层由系统统一定位,且坐标系相同,因此在不同图层上绘制的图形不会发生位置上的混乱。如图 1-10～图 1-12 说明了图层的概念,在中心线层上绘制中心线，在 0 层上绘制轮廓线，在虚线层上绘制内孔线，组合结果如图 1-12 所示。

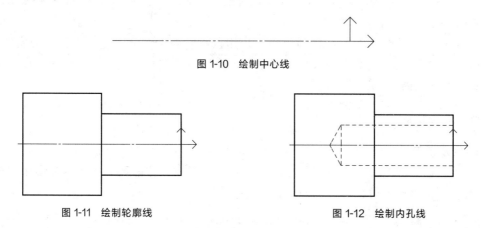

图 1-10　绘制中心线

图 1-11　绘制轮廓线　　　　　　图 1-12　绘制内孔线

各图层之间不但坐标系是统一的，而且其缩放系数也是一致的。因此，图层与图层之间可以完全对齐。一个图层上的某一标记点会自动精确地对应在各图层的同一位置点上。

图层是有状态的，它的状态也是可以改变的。图层的状态包括层名、层描述、线型、颜色、打开与关闭以及是否为当前层等。每一个图层都对应一种由系统设定的颜色和线型。系统规定，启动后的初始层为"0"层，它为当前层，线型为粗实线。可以通过主菜单中的"编辑"菜单更改图层中实体的线型和颜色。

三、任务实施

① 单击"特性"功能区面板中的"图层"按钮，弹出"层设置"对话框，如图 1-13 所示。在"层设置"对话框列表框中，用鼠标左键单击"中心线层"后，再单击右侧的"设为当前（C）"按钮，设置完成后单击"确定"按钮可结束操作。

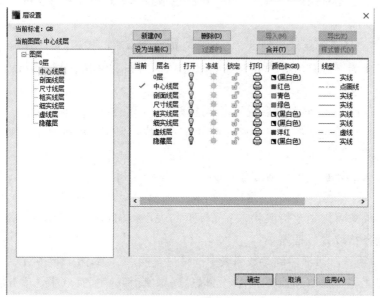

图 1-13　"层设置"对话框

② 在"常用"功能区选项卡中单击"绘图"功能区面板中的"直线"按钮 , 选择"两点线"。按立即菜单的条件和提示要求，用鼠标拾取两点，则一条直线被绘制出来。用鼠标右键终止此命令。

③ 同样在"层设置"对话框列表框中，用鼠标左键分别单击"0层""细实线层""点画线层""虚线层""双点画线层"图层后，绘制粗实线、细实线、点画线、虚线、双点画线，结果如图 1-9 所示。

四、知识拓展

1. 创建图层

① 用鼠标左键单击"常用"功能区选项卡中"特性"功能区面板中的"图层"按钮 ，弹出"层设置"对话框，如图 1-13 所示。

② 单击"新建（N）"按钮，这时在图层列表框的最下边一行可以看到新建图层。

③ 新建的图层颜色默认为白色，线型默认为粗实线。用户可修改新建图层的层名和层描述。

④ 单击"确定"按钮可结束新建图层操作。

⑤ 在"层设置"对话框列表框中，用鼠标左键单击所需的图层后，再单击右侧的"设为当前（C）"按钮，设置完成后单击"确定"按钮可结束操作。

用户当前的操作都是在当前图层上进行的，因此当前图层也可称为活动图层。为了对已有的某个图层中的图形进行操作，必须将该图层置为当前图层。

为了便于用户使用，系统预先定义了 8 个图层。这 8 个图层的层名分别为"0层""中心线层""部面线层""尺寸线层""粗实线层""细实线层""虚线层"和"隐藏层"等，每个图层都按其名称设置了相应的线型和颜色。

2. 系统配置

系统配置功能是对系统常用参数和系统颜色进行设置，以便在每次进入系统时有一个默认的设置。

① 单击"工具"功能区选项卡"选项"功能区面板中的按钮 ，弹出"选项"对话框。对话框左侧为参数列表，单击选中每项参数后可以在右侧区域进行设置，如图 1-14 所示。

② 在"选项"对话框左侧参数列表中选择"显示"，如图 1-15 所示。

颜色设置：单击对话框右侧颜色设置中每项参数的列表可以修改各项颜色的设置，如背景颜色缺省状态下是黑色，这里修改成了白色。

十字光标大小设置：可以通过输入或者拖动手柄来指定系统十字光标的大小。

③ 在"选项"设置对话框左侧参数列表中选择"交互"，如图 1-16 所示。在拾取框下边，拖动滚动条可以指定拾取状态下光标框的大小。向右拖动滚动条拾取光标框增大，向左拖动滚动条拾取光标框缩小。

④ 在"选项"对话框左侧参数列表中选择"智能点"，如图 1-17 所示。

软件提供了多种拾取和捕捉工具，可以提高对象拾取和捕捉效率。单击捕捉设置对话框下的"对象捕捉"可以设置对象捕捉参数。

图 1-14 "选项"对话框

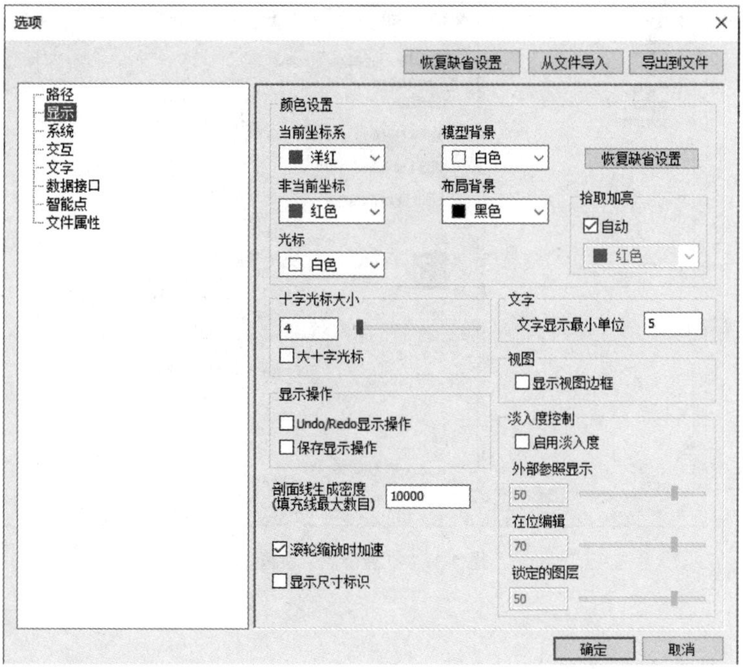

图 1-15 "显示"设置

单击"启用对象捕捉（O）"可以打开或关闭对象捕捉模式。打开对象捕捉模式后，可以选择"捕捉光标靶框内的特征点"方式，对象捕捉模式中全部选择捕捉方式。系统默认捕捉方式为智能点捕捉，可以利用热键"F6"切换捕捉方式或在状态条的列表框中进行切换。

图 1-16 "交互"设置

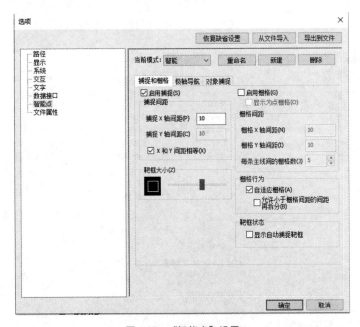

图 1-17 "智能点"设置

任务三 CAXA CAM 数控车 2023 软件视图控制

一、任务导入

为了便于绘图,CAXA CAM 数控车 2023 软件还为用户提供了一些控制图形的显示命令。一般来说，视图命令与绘制、编辑命令不同，它们只改变图形在屏幕上的显示方法，而不能使图形产生实质性的变化；它们允许用户按期望的位置、比例、范围等条件进行显示，但是，操作的结果既不改变原图形的实际尺寸，也不影响图形中原有实体之间的相对位置关系。如图 1-18 所示，在绘制半径较小螺纹牙顶线时，如果在普通显示模式下，因为窗口小而很难画出外螺纹线，要用显示窗口命令将画外螺纹线的位置局部放大。

二、任务分析

视图命令的作用只是改变了主观视觉效果，而不会引起图形产生客观的实际变化。图形的显示控制对于绘图操作，尤其是绘制复杂视图和大型图样时具有重要作用，在图形绘制和编辑过程中要经常使用它们。

视图控制的各项命令安排在屏幕主菜单的"视图"菜单中，如图 1-19 所示。用窗口拾取螺杆部分，在屏幕绘图区内按尽可能大的原则显示，这样就可以较容易地绘制出外螺纹。

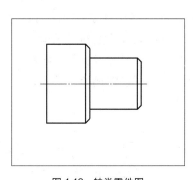

图 1-18　轴类零件图

图 1-19　视图控制命令

三、任务实施

在"视图"功能区选项卡下的"显示"功能区面板中，单击"动态缩放"按钮 ，也可以使用鼠标中键和滚轮进行视图的平移或缩放。单击"显示窗口"按钮 ，按提示要求在所需位置输入显示窗口的第一个角点，输入后十字光标立即消失。此时再移动鼠标时，出现一个由方框表示的窗口，窗口大小可随鼠标的移动而改变。窗口所确定的区域就是即将被放大的部分。窗口的中心将成为新的屏幕显示中心。在该方式下，不需要给定缩放系数，CAXA CAM 数控车 2023 软件将把给定窗口范围按尽可能大的原则，将选中区域内的图形按充满屏幕的方式重新显示出来。如图 1-20（a）所示拾取窗口，图 1-20（b）显示放大后的变换结果。

四、知识拓展

1. 重新生成

圆和圆弧等元素都是由一段一段的线段组合而成的，当图形放大到一定比例时会出现

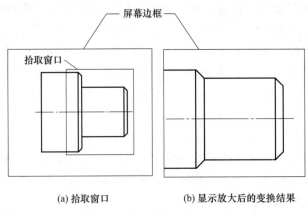

(a) 拾取窗口　　　　　(b) 显示放大后的变换结果

图 1-20　显示放大

显示失真的效果。在"视图"功能区选项卡下的"显示"功能区面板中,单击"全部重生成"按钮,可以将显示失真的图形按当前窗口的显示状态进行重新生成。

2. 动态平移

在"视图"功能区选项卡下的"显示"功能区面板中,单击"动态平移"按钮,即可激活该功能,光标变成动态平移图标,按住鼠标左键,移动鼠标就能平行移动图形。单击鼠标右键可以结束动态平移操作。动态平移只改变图形在屏幕上的显示情况,而不能使图形产生实质性的变化。操作的结果既不改变原图形的实际尺寸,也不影响图形中原有对象之间的相对位置关系。另外,按住鼠标中键拖动鼠标也可以实现动态平移,而且这种方法更加快捷、方便。

3. 动态缩放

在"视图"功能区选项卡下的"显示"功能区面板中,单击"动态缩放"按钮,即可激活该功能,鼠标变成动态缩放图标,按住鼠标左键,鼠标向上移动为放大,向下移动为缩小。单击鼠标右键可以结束动态平移操作。

另外,滚动鼠标滚轮也可以实现动态缩放,而且这种方法更加快捷、方便。

任务四　CAXA CAM 数控车 2023 软件基本操作实例

一、任务导入

完成图 1-21 所示前端为球形的阶梯轴类零件的绘制。零件材料为 45 钢,毛坯为 φ55mm 的棒料。

二、任务分析

该阶梯轴类零件图,主要由直线和圆弧组成,按照系统提供的孔/轴功能,快

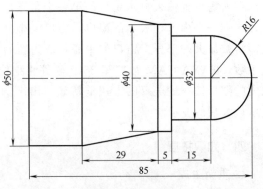

图 1-21　轴杆零件图

速绘制零件图外轮廓，再用绘制圆命令绘制半圆弧。通过本任务主要学习 CAXA CAM 数控车 2023 软件的系统设置、图层设置、快捷键使用、正交方式、捕捉方式、显示方式、图形绘制方法和文件存储方法。

三、任务实施

① 单击"工具"功能区选项卡"选项"功能区面板中的按钮 ☑。弹出"选项"对话框。在"选项"对话框左侧参数列表中选择"显示"，背景颜色修改成白色，十字光标大小设置为 6。

② 在"选项"对话框左侧参数列表中选择"交互"，在拾取框下边，拖动滚动条适当调整拾取光标框的大小。

③ 在"选项"对话框左侧参数列表中选择"智能点"，单击"启用对象捕捉（O）"可以打开对象捕捉模式，选择全部捕捉方式。

④ 在"常用"功能区选项卡中，单击"特性"功能区面板中的"图层"按钮 ，打开"层设置"对话框，如图 1-22 所示。用鼠标左键单击"中心线层"，单击"设为当前（C）"按钮，颜色设置为黑色。

⑤ 在"常用"功能区选项卡中，单击"绘图"功能区面板中的"直线"按钮 ，用鼠标捕捉系统坐标原点为第一点，输入第二点坐标"－90，0"，绘制一条中心线。

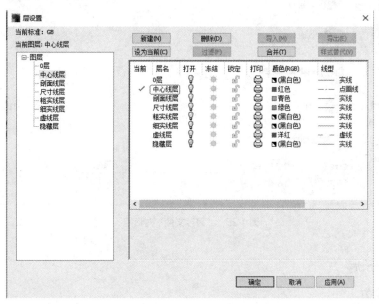

图 1-22　"层设置"对话框

⑥ 在"常用"功能区选项卡中，单击"绘图"功能区面板中的"孔/轴"按钮 ，用鼠标捕捉坐标零点为插入点，这时出现新的立即菜单，在"2. 起始直径"和"3. 终止直径"文本框中分别输入轴的直径"32"；向左移动鼠标，则跟随着光标将出现一个长度动态变化的轴，键盘输入轴的长度"31"并回车；继续修改起始直径和终止直径绘制 $\phi 40mm$ 和 $\phi 50mm$ 的两段圆柱轮廓；右击结束命令，即可完成一个带有中心线的轴的绘制，如图 1-23 所示。

⑦ 在"常用"功能区选项卡中，单击"绘图"功能区面板中的"圆"按钮 ⊙，选择"圆心_半径"方式，输入圆心坐标（−16，0），输入半径"16"，回车，完成 $R16mm$ 圆绘制。单击"修改"功能区面板中的"裁剪"按钮 ，单击多余线，裁剪结果如图 1-24 所示。

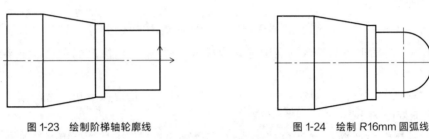

图 1-23 绘制阶梯轴轮廓线　　　　　　　图 1-24 绘制 R16mm 圆弧线

⑧ 单击主菜单中的文件保存按钮 ，弹出"另存文件"对话框，如图 1-25 所示。选择存盘路径后，在对话框的文件名输入框内输入一个文件名，单击"保存"按钮，系统即按所给文件名存盘。

图 1-25 "另存文件"对话框

四、知识拓展

1. 系统设置

用以下方式可以执行"系统设置"命令：单击"工具"主菜单中的"选项"按钮，或者单击"工具"功能区选项卡"选项"功能区面板中的按钮 ，将弹出"选项"对话框。

① 在"选项"对话框左侧参数列表中选择"路径"设置。

在此对话框内可以设置的支持文件路径类型包括：模板路径、图库搜索路径、自动保存文件路径、形文件路径、公式曲线路径、设计中心收藏夹路径、外部引用文件路径。选择一个路径后，即可进行打开或修改。

路径分系统路径和用户路径。系统路径是系统默认路径，用户可以打开但不能修改；用户路径是用户自定义路径，虽然系统已给出默认的用户路径，但该路径仍然可以任意修改。

② 在"选项"对话框左侧参数列表中选择"显示"设置。

在此对话框中显示出当前坐标系、非当前坐标系、当前绘图区、拾取加亮以及光标的颜色。单击对话框右侧颜色设置中每项参数的列表可以修改各项颜色的设置。

③ 在"选项"对话框左侧参数列表中选择"系统"设置。

存盘间隔以分钟为单位，达到所设置的值时，系统将自动把当前的图形保存到临时目录中。此项功能可以避免在系统非正常退出的情况下丢失全部的图形信息。

④ 在"选项"对话框左侧参数列表中选择"交互"设置。

拖动滚动条可以指定拾取状态下光标框的大小。在滚动条下方可以设置拾取框的颜色。

拖动滚动条可以指定拾取对象后夹点的大小。

⑤ 在"选项"对话框左侧参数列表中选择"文字"设置。

可以指定系统默认的中文字体和西文字体。默认字体说明：当文件中文字字体为当前系统中未安装的字体时，系统将使用默认的字体。

⑥ 在"选项"对话框左侧参数列表中选择"数据接口"设置。

设置读入 DWG 文件时是否进行数据检查。选择此选项时，打开错误的 DWG 文件时会给出错误提示并停止 DWG 文件读入；取消此选项时，会忽略错误继续读入 DWG 文件。默认线宽：按 DWG 文件中默认的线宽读入。

⑦ 在"选项"对话框左侧参数列表中选择"文件属性"设置。

设置界面显示的图形单位，包括长度的类型和精度，角度的类型和精度。

2. 孔/轴

在给定位置画出带有中心线的轴和孔或画出带有中心线的圆锥孔和圆锥轴。

用以下方式可以调用"孔/轴"功能：单击"绘图"主菜单中的按钮 ，或者单击"常用"功能区选项卡中"绘图"面板中的按钮 。

"孔/轴"命令使用立即菜单进行交互操作，调用"孔/轴"功能后弹出立即菜单，如图 1-26 所示。

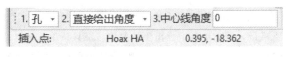

图 1-26　"孔/轴"命令立即菜单

① 单击立即菜单"1."，则可进行"轴"和"孔"的切换。不论是画轴还是画孔，剩下的操作方法完全相同。轴与孔的区别只是在于在画孔时省略两端的端面线。

② 选择立即菜单中的"2. 直接给出角度"，用户可以按提示在 3. 中心线角度中输入一个角度值，以确定待画轴或孔的倾斜角度，角度的范围是（-360，360）。

③ 按提示要求，移动鼠标或用键盘输入一个插入点，这时在立即菜单处出现一个新的立即菜单。

④ 如果单击立即菜单中的"2. 起始直径"或"3. 终止直径",用户可以输入新值以重新确定轴或孔的直径,如果起始直径与终止直径不同,则画出的是圆锥孔或圆锥轴。

⑤ 立即菜单"4. 有中心线"表示在轴或孔绘制完后,会自动添加上中心线,如果单击"无中心线"方式则不会添加上中心线。

⑥ 当立即菜单中的所有内容设定完后,用鼠标确定轴或孔上一点,或由键盘输入轴或孔的轴长度。输入结束,一个带有中心线的轴或孔即被绘制出来。

项目小结

　　CAXA CAM 数控车软件的应用可以大幅提高加工效率,降低成本,符合企业快速、可持续发展的需求,帮助企业实现现代化的生产与管理,提供给用户最高质量的机械产品,增强企业竞争力。

　　本项目主要学习 CAXA CAM 数控车 2023 软件的工作环境及设定、基本操作和常用工具栏的使用,常见曲线的绘制,掌握数控车图层管理功能,学会分层绘制图素,体会在 CAXA CAM 数控车 2023 软件中分层绘制不同类型图素的优点,掌握各功能区面板图标的操作方法,提高作图效率。在学习过程中注重培养学生探索未知、追求真理、勇攀科学高峰的责任感和使命感,激发学生科技报国的家国情怀和使命担当,操作实践过程中注重培养学生的工匠精神。

思考与练习

一、填空题

1. 工具点菜单是将操作过程中频繁使用的命令选项,分类组合在一起而形成的菜单。当操作中需要某一特征量时,只要单击(　　)键,即在屏幕上弹出工具点菜单。工具点菜单包括(　　)工具菜单和(　　)工具菜单两种。

2. 在 CAXA CAM 数控车 2023 系统的功能键中,请求系统帮助按(　　)键,显示全部图形按(　　)键。

3. CAXA CAM 数控车 2023 为用户提供了查询功能,可以查询(　　)、(　　)、(　　)、(　　)等内容。

二、选择题

1. 工具点菜单是将操作过程中频繁使用的命令选项,分类组合在一起而形成的菜单。当操作中需要某一特征量时,只要按下空格键,即在屏幕上弹出工具菜单。工具菜单包括(　　)两种。
　A. 工具点菜单和选择集合工具菜单　　　B. 立即菜单和工具点菜单
　C. 快捷菜单和选择集合工具菜单

2. 工具条是 CAXA CAM 数控车 2023 软件提供的一种调用命令的方式,它包含多个由图标表示的命令按钮,单击这些图标按钮,可以调用相应的命令。CAXA CAM 数控车 2023 软件提供的工具栏有(　　)。
　A. 常用工具、绘图工具、曲线工具、对象捕捉工具栏
　B. 数控车、仿真控制、线面编辑　　　C. 以上两项都有

3. 鼠标左键的功能是(　　)。
　A. 激活画直线　　　　　　　　　　　B. 确认拾取、结束操作或终止命令

C. 激活菜单、确定位置点或拾取元素

4. CAXA CAM 数控车 2023 预定义了一些快捷键，其中"保存"用（　　）表示。

A. Ctrl＋O 组合键　　　B. Ctrl＋S 组合键　　　C. Alt＋X 组合键

三、判断题

1. 使用 CAXA CAM 数控车 2023 软件进行自动编程，需建立被加工零件的实体模型。（　　）

2. 在 CAXA CAM 数控车 2023 软件中，使用图层可以方便地将设计中的图形对象分类进行组织管理。（　　）

3. 被拾取过滤设置选中的元素将不会被拾取到。（　　）

4. 使用显示平移功能可以将图形元素方便地从图纸中的一个地方平移至所需位置。（　　）

四、简答题

1. CAXA CAM 数控车 2023 软件新增了哪些功能？

2. CAXA CAM 数控车 2023 软件的用户界面由哪几部分组成？它们分别有什么作用？

3. 在 CAXA CAM 数控车 2023 软件中，鼠标左键和鼠标右键的作用分别有哪些？

4. 在 CAXA CAM 数控车 2023 软件中，当按下 F6 键时，屏幕显示将发生什么变化？

5. 如果某个工具条不在 CAXA CAM 数控车 2023 软件的用户界面中，采用什么方法可以使它显示在界面中？

6. "新建"与"打开"、"保存"与"另存为"命令有何区别？

五、作图题

1. 在绘图区插入 A3 标题栏，设置并使用粗实线层、细实线层、虚线层画线。

2. 绘制图 1-27 所示阶梯轴零件的外轮廓图。

3. 完成图 1-28 所示阶梯轴零件的轮廓图绘制。零件材料为 45 钢，毛坯为 ϕ54mm 的棒料。

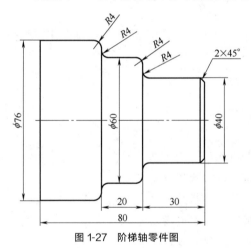

图 1-27　阶梯轴零件图

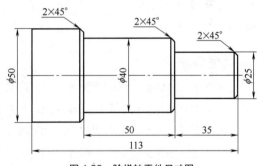

图 1-28　阶梯轴零件尺寸图

项目二

CAXA CAM数控车2023软件平面图形绘制

CAXA CAM 数控车 2023 软件具有优秀的图形编辑功能,其操作速度比手工编程快得多。曲线分成点、直线、圆弧、样条、组合曲线等类型;工作坐标系可任意定义,并在多坐标系间随意切换;图层、颜色、拾取过滤工具应有尽有,系统完善。平面图形绘制方法是学习 CAXA CAM 数控车自动编程的重要基础,本项目通过典型绘图工作任务的学习,使读者快速掌握并熟练运用 CAXA CAM 数控车 2023 软件绘图功能绘制加工零件的平面图形。

✲ 育人目标 ✲

- 激发青年学生对科学技术探究的好奇心与求知欲,引导培养学生具有敢于坚持真理、勇于创新、实事求是的科学态度和科学精神。
- 通过绘制轴类平面图形、高级曲线等平面图,培养学生认真负责、踏实敬业的工作态度和严谨求实、一丝不苟的工作作风。

✲ 技能目标 ✲

- 掌握 CAXA CAM 数控车 2023 软件基本曲线的绘图方法。
- 掌握 CAXA CAM 数控车 2023 软件高级曲线的绘图方法。
- 掌握 CAXA CAM 数控车 2023 软件功能区图标操作方法,提高作图效率。
- 掌握 CAXA CAM 数控车 2023 软件绘制简单二维平面图形的方法。
- 掌握 CAXA CAM 数控车 2023 软件平面图形编辑方法。
- 掌握 CAXA CAM 数控车 2023 软件平面图尺寸标注方法。

任务一 手柄零件图绘制

一、任务导入

CAXA CAM 数控车 2023 软件以先进的计算机技术和简捷的操作方式来代替传统的

手工绘图方法,为用户提供了功能齐全的作图方式,利用它可以绘制各种各样复杂的工程图样。本任务要求绘制图 2-1 所示的手柄零件图。

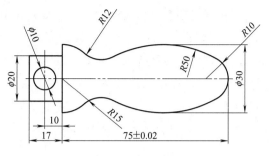

图 2-1　手柄零件图

二、任务分析

直线是图形构成的基本要素,而正确、快捷地绘制直线的关键在于点的选择。在 CAXA CAM 数控车 2023 软件中拾取点时,可充分利用工具点、智能点、导航点、栅格点等功能。输入点时,一般以绝对坐标输入,但根据实际情况,还可以输入点的相对坐标和极坐标。该手柄零件图,主要由相切圆弧组成,按照平面图形绘图方法,先画已知线段,如 $R10$ 和 $R15$ 圆弧,再画中间线段,如 $R50$ 圆弧,最后画连接线段 $R12$ 圆弧。通过本任务主要学习 CAXA 数控车 2023 软件的系统设置、图层设置、快捷键使用、正交方式、捕捉方式、显示方式、简单绘图和文件存储方法。

三、任务实施

① 单击【工具】功能区选项卡【选项】面板中的 ☑ 按钮,弹出如图 2-2 所示的对话框。在【选项】设置对话框左侧参数列表中选择【显示】,背景颜色修改成白色,十字光标大小设置为 4。

② 在【选项】设置对话框左侧参数列表中选择【交互】。在拾取框下边,拖动滚动条适当调整拾取光标框的大小。

图 2-2　选项设置对话框

③ 在【选项】设置对话框左侧参数列表中选择【智能点】，单击【启用对象捕捉】可以打开对象捕捉模式，选择全部捕捉方式。

④ 在常用功能区选项卡中，单击特性面板上的图层 图标，打开图层设置对话框，如图 2-3 所示。用鼠标左键单击中心线图层，单击设为当前层按钮，颜色设置为黑色。在常用功能区选项卡中，单击绘图面板上的直线 ，用鼠标捕捉系统坐标原点为第一点，输入第二点坐标"77，0"，绘制一条中心线，如图 2-4 所示。

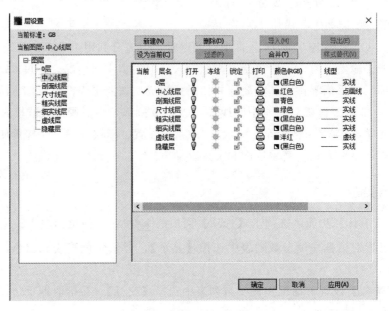

图 2-3　图层设置对话框

⑤ 单击特性面板上的图层 图标，打开图层设置对话框，用鼠标左键单击粗实线图层，设为当前层。

⑥ 在常用选项卡中，单击绘图面板上的圆按钮 ，选择圆心-半径方式，捕捉圆心，输入半径 5，回车，完成 $R5$ 圆绘制。同理在坐标"75，0"的位置绘制 $R10$ 的圆，如图 2-4 所示。

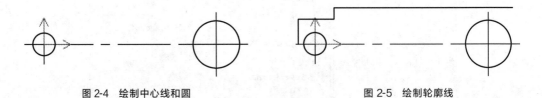

图 2-4　绘制中心线和圆　　　　　　　图 2-5　绘制轮廓线

⑦ 按 F8 键在正交状态下，单击绘图面板上的直线 ，输入第一点坐标"−7，0"，鼠标向上指引，输入距离 10；鼠标向右指引，输入距离 17；鼠标向上指引，输入距离 5；鼠标向右指引，输入距离 75，如图 2-5 所示。

⑧ 在常用选项卡中，单击绘图面板上的圆按钮 ，选择两点-半径方式，按空格键，在弹出的立即菜单上选择切点捕捉方式，捕捉 A 切点。再按空格键，在弹出的立即菜单

上选择切点捕捉方式，捕捉 B 切点，拉动鼠标，输入半径 50，回车，完成 R50 相切圆绘制，如图 2-6 所示。

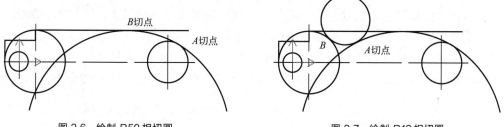

图 2-6　绘制 R50 相切圆　　　　　　图 2-7　绘制 R12 相切圆

⑨ 在常用选项卡中，单击绘图面板上的圆按钮 ⊙，选择两点-半径方式，按空格键，在弹出的立即菜单上选择切点捕捉方式，捕捉 A 切点。再按空格键，在弹出的立即菜单上选择切点捕捉方式，捕捉 B 切点，拉动鼠标，输入半径 12，回车，完成 R12 相切圆绘制，如图 2-7 所示。

⑩ 在常用选项卡中，单击修改面板上的裁剪按钮 ，单击多余线，裁剪多余线。单击修改面板上的删除按钮 ，删除多余辅助线，结果如图 2-8 所示。

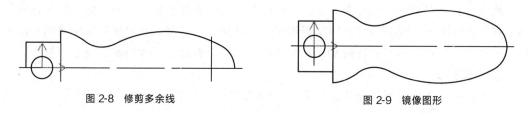

图 2-8　修剪多余线　　　　　　图 2-9　镜像图形

⑪ 在常用选项卡中，单击修改面板上的镜像按钮 ，在立即菜单中，选择拷贝方式，选择上部要镜像的线，选择镜像轴线，完成镜像操作，结果如图 2-9 所示。

⑫ 单击主菜单中的文件保存 按钮，弹出另存文件对话框，如图 2-10 所示。选择存盘路径后，在对话框的文件名输入框内，输入一个文件名，单击【保存】按钮，系统即按所给文件名存盘。

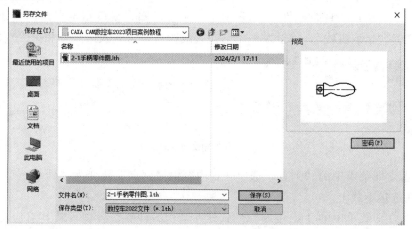

图 2-10　另存文件对话框

四、知识拓展

1. CAXA CAM 数控车 2023 软件图形绘制命令介绍

基本曲线的绘制包括绘制直线、绘制平行线、绘制圆、绘制圆弧、绘制样条曲线、绘制点、绘制椭圆、绘制矩形、绘制正多边形、绘制中心线、绘制公式曲线、绘制孔和轴、绘制剖面线等。用户可以通过图 2-11 所示的"绘图"功能区面板中的命令来调用这些绘制图形的命令,也可以在图 2-12 所示的"绘图工具"工具栏中调用这些绘制实体的命令。

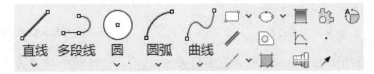

图 2-11 "绘图"功能区

图 2-12 "绘图工具"工具栏

此外,在制图中还经常绘制一些由简单图形元素组成并重复出现的图形。例如在图纸幅面有限的情况下,我们可以使用双折线表示省略部分;又例如在机械制图中我们会经常绘制不同的轴和孔,还有各种箭头。绘制这些图形常常需要进行大量的重复绘图操作。

2. 绘制直线

为了适应在各种情况下直线的绘制,CAXA CAM 数控车 2023 软件提供了直线、两点线、角度线、角等分线、切线/法线、等分线、射线和构造线这八种方式。

(1)角度线

按给定角度、给定长度画一条直线段。

① 单击"常用"功能区选项卡"绘图"功能区面板内"直线"功能按钮下拉菜单中的按钮 ∠。

单击立即菜单中的"X 轴夹角"选项,弹出如图 2-13 所示的立即菜单,用户可选择夹角类型。如果选择"直线夹角",则表示画一条与已知直线段指定夹角的直线段,此时操作提示变为"拾取直线",待拾取一条已知直线段后,再输入第一点和第二点即可。

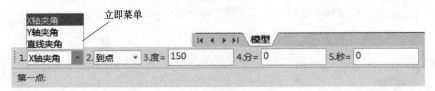

图 2-13 绘制角度线立即菜单

② 单击立即菜单中的"到点"选项,则内容由"到点"转变为"到线上",即指定终点位置是在选定直线上。

③ 单击立即菜单中的"3.度=""4.分=""5.秒="各项可从其对应右侧小键盘直接输入夹角数值。编辑框中的数值为当前立即菜单所选角度的默认值。

④ 按提示要求输入第一点，则屏幕画面上显示该点标记。此时，操作提示变为"第二点或长度"。如果由键盘输入一个长度数值并回车，则一条按用户刚设定条件确定的直线段被绘制出来。另外，如果是移动鼠标，则一条绿色的角度线随之出现。待鼠标光标位置确定后，单击左键则立即画出一条给定长度和倾角的直线段。

（2）射线

单击"常用"功能区选项卡"绘图"功能区面板内"直线"功能按钮下拉菜单中的按钮 ✎。调用"射线"功能后，鼠标左键指定射线的特征点和延伸方向后即可生成射线。

（3）构造线

单击"常用"功能区选项卡"绘图"功能区面板内"直线"功能按钮下拉菜单中的按钮 ✎。调用【构造线】功能后，鼠标左键指定构造线的特征点和延伸方向后即可生成构造线。

任务二　圆弧成形面零件图绘制

一、任务导入

成形面类零件通常是由若干段直径不同的圆柱体和圆弧面组成的。本任务要求绘制图 2-14 所示的圆弧成形面零件图。

二、任务分析

图 2-14 所示为圆弧成形面零件，需要绘制圆和圆弧面等，可利用 CAXA 数控车 2023 软件中的直线、圆和圆弧等命令来完成。

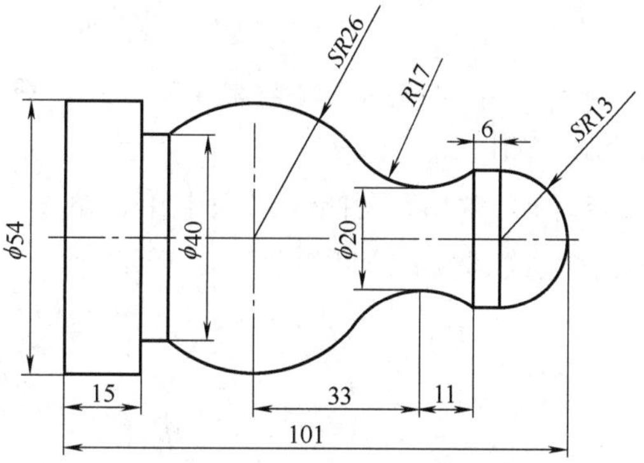

图 2-14　圆弧成形面零件图

三、任务实施

① 在"常用"功能区选项卡中，单击"绘图"功能区面板中的"圆"按钮 ⊙，选择"圆心_半径"方式，输入圆心坐标（-13，0），再输入半径"13"，回车，完成 R13mm 圆绘制。在"常用"功能区选项卡中，单击"修改"功能区面板中的"裁剪"按钮 ✂，单击裁剪多余线，裁剪结果如图 2-15 所示。

② 在"常用"功能区选项卡中，单击"绘图"功能区面板中的"直线"按钮 ✎，在立即菜单中，选择"两点线、连续、正交"方式，捕捉直线起点，向左绘制 6mm 直线，如图 2-16 所示。

③ 在"常用"功能区选项卡中，单击"修改"功能区面板中的"等距线"按钮 ⬚，在立即菜单中输入等距距离"44"，单击右边等距线，单击向左箭头，完成等距线，如图 2-17 所示。

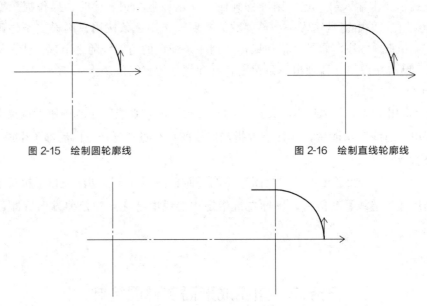

图 2-15 绘制圆轮廓线　　图 2-16 绘制直线轮廓线

图 2-17 绘制等距线（一）

④ 在"常用"功能区选项卡中，单击"绘图"功能区面板中的"圆"按钮，选择"圆心_半径"方式，捕捉圆心，输入半径"26"，回车，完成 $R26\mathrm{mm}$ 圆绘制。单击"绘图"功能区面板中的"圆"按钮，选择"二点半径"方式，捕捉第一点 A，按空格键在弹出的菜单中选择"切点捕捉"方式，捕捉第二点 B，输入半径"17"，完成 $R17\mathrm{mm}$ 圆绘制，如图 2-18 所示。

⑤ 在"常用"功能区选项卡中，单击"修改"功能区面板中的"裁剪"按钮，单击多余线，裁剪结果如图 2-19 所示。

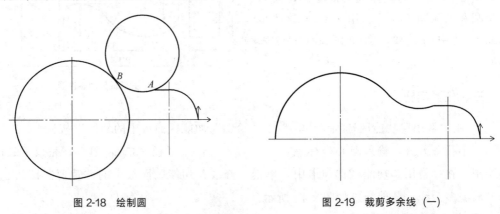

图 2-18 绘制圆　　图 2-19 裁剪多余线（一）

⑥ 在"常用"功能区选项卡中，单击"修改"功能区面板中的"等距线"按钮，在立即菜单中输入等距距离"38"，单击 $R26\mathrm{mm}$ 圆的中心线，单击向左箭头，完成等距线，如图 2-20 所示。

⑦ 在"常用"功能区选项卡中，单击"绘图"功能区面板中的"直线"按钮，在立即菜单中，选择"两点线、连续、正交"方式，捕捉左等距线与中心线的交点，向上绘

制 27mm 竖直线，向右绘制 15mm 水平线，向下绘制 7mm 竖直线，向右绘制 10mm 水平线，结果如图 2-21 所示。

⑧ 在"常用"功能区选项卡中，单击"修改"功能区面板中的"裁剪"按钮 ，单击多余线，裁剪多余线。单击"修改"功能区面板中的"删除"按钮 ，删除多余辅助线，结果如图 2-22 所示。

⑨ 在"常用"功能区选项卡中，单击"修改"功能区面板中的"镜像"按钮 ，在立即菜单中，选择"拷贝"方式，选择要镜像的线，单击镜像轴线，完成镜像操作，结果如图 2-23 所示。

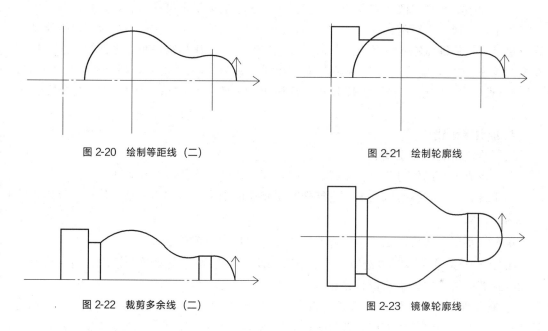

图 2-20 绘制等距线（二）　　　　图 2-21 绘制轮廓线

图 2-22 裁剪多余线（二）　　　　图 2-23 镜像轮廓线

四、知识拓展

1. 绘制圆弧

按照各种给定参数绘制圆弧。

绘制圆弧，可以指定圆心、端点、起点、半径、角度等各种组合形式创建圆弧。

单击"常用"功能区选项卡"绘图"功能区面板中的按钮 。

为了适应各种情况下圆弧的绘制，CAXA CAM 数控车 2023 软件提供了多种方式，包括三点圆弧、圆心起点圆心角、两点半径、圆心半径起终角、起点终点圆心角、起点半径起终角等，通过立即菜单选择圆生成方式及参数即可。另外，每种圆弧生成方式都可以单独执行，以便提高绘图效率。

2. 绘制圆

按照各种给定参数绘制圆。

要创建圆，可以指定圆心、半径、直径、圆周上的点和其他对象上的点的不同组合。根据不同的绘图要求，还可在绘图过程中通过立即菜单选取圆上是否带有中心线，系统默认为无中心线。此命令在圆的绘制中皆可选择。

单击"常用"功能区选项卡"绘图"功能区面板中的按钮 ⊙。

为了适应各种情况下圆的绘制，CAXA CAM 数控车 2023 软件提供了圆心半径画圆、两点圆、三点圆和两点半径画圆等几种方式，通过立即菜单选择圆生成方式及参数即可。另外，每种圆生成方式都可以单独执行，以便提高绘图效率。

3. 绘制矩形

绘制矩形形状的闭合多义线。

可以按照"两角点""长度和宽度"两种方式生成矩形。

单击"常用"功能区选项卡"绘图"功能区面板中的按钮 ▭。

在立即菜单选择"两角点"选项。按提示要求用鼠标指定第一角点，在指定另一角点的过程中，出现一个跟随光标移动的矩形，待选定好位置，单击左键，这时矩形被绘制出来。也可直接从键盘输入两角点的绝对坐标或相对坐标。比如第一角点坐标为（20，15），矩形的长为"36"，宽为"18"，则第二角点绝对坐标为"（56，33）"，相对坐标为"@36，18"。不难看出，在已知矩形的长和宽，且使用"两角点"方式时，用相对坐标要简单一些。

4. 绘制等距线

绘制给定曲线的等距线。

可以生成等距线的对象有：直线、圆弧、圆、椭圆、多段线、样条曲线。

等距线方式具有链拾取功能，它能把首尾相连的图形元素作为一个整体进行等距，从而提高操作效率。

单击"常用"功能区选项卡"修改"功能区面板中的按钮 ⚎。

① 在立即菜单"1."中选择"单个拾取"或"链拾取"，若是单个拾取，则只拾取一个元素；若是链拾取，则拾取首尾相连的元素。

② 在立即菜单"2."中可选择"指定距离"或者"过点方式"。"指定距离"方式是指选择箭头方向确定等距方向，按给定距离的数值来确定等距线的位置。"过点方式"是指过已知点绘制等距线。等距功能默认为指定距离方式。

③ 在立即菜单"3."中可选取"单向"或"双向"。"单向"是指只在一侧绘制等距线；而"双向"是指在直线两侧均绘制等距线。

④ 在立即菜单"4."中可选择"空心"或"实心"。"实心"是指原曲线与等距线之间进行填充，而"空心"方式只画等距线，不进行填充。

⑤ 单击立即菜单"5. 距离"，可输入等距线与原直线的距离，编辑框中的数值为系统默认值。

⑥ 单击立即菜单"6. 份数"，则可输入所需等距线的份数。

任务三　双曲线回转体零件图绘制

一、任务导入

公式曲线就是数学表达式的曲线图形，即根据数学公式（或参数表达式）绘制出相应的数学曲线。本任务主要是绘制图 2-24 所示的双曲线回转体零件图。

二、任务分析

用户输入的公式可以是用直角坐标形式或极坐标形式给出的。公式曲线为用户提供一种更方便、更精确的作图手段，以满足某些精确型腔、轨迹线型的作图设计。用户只要交互输入数学公式，并给定参数，计算机便会自动绘制出该公式描述的曲线。绘制凹形双曲线曲面要用双曲线方程，双曲线参数方程：$X(t)=t$，$Y(t)=10\times \text{sqrt}(1+t\times t/169)$。

本任务主要通过绘制双曲线回转体零件图，来学习公式曲线、等距、矩形、裁剪和镜像功能的用法。

三、任务实施

① 在"常用"功能区选项卡中，单击"绘图"功能区面板中的"直线"按钮，在立即菜单中，选择"两点线、连续、正交"方式，捕捉直线起点，向上绘制 15.25mm 直线，如图 2-25 所示。

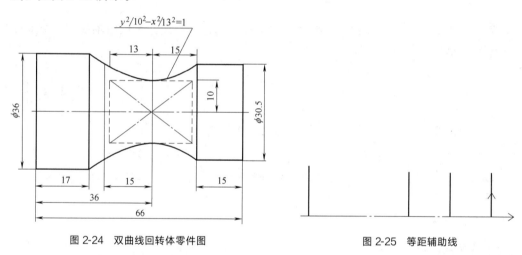

图 2-24　双曲线回转体零件图　　　　图 2-25　等距辅助线

② 在"常用"功能区选项卡中，单击"修改"功能区面板上的"等距线"按钮，在立即菜单中输入等距距离"15"，单击右边等距线，单击向左箭头，完成等距线，同样的方法完成其他等距线，如图 2-25 所示。

③ 在"常用"功能区选项卡中，单击"绘图"功能区面板上的"公式曲线"按钮，弹出"公式曲线"对话框，输入双曲线方程"$X(t)=t$，$Y(t)=10\times \text{sqrt}(1+t\times t/169)$"，起始值"16"，终止值"-20"，如图 2-26 所示。单击"确定［O］"按钮退出"公式曲线"对话框，在中线上捕捉 A 点，完成双曲线绘制，如图 2-27 所示。

④ 单击"绘图"功能区面板中的"直线"按钮，在立即菜单中，选择"两点线、连续、正交"方式，捕捉直线起点，绘制其他直线。在"常用"功能区选项卡中，单击"修改"功能区面板中的"裁剪"按钮，单击多余线，裁剪多余线。单击"修改"功能区面板中的"删除"按钮，删除多余辅助线，结果如图 2-28 所示。

⑤ 在"常用"功能区选项卡中，单击"修改"功能区面板中的"镜像"按钮，在

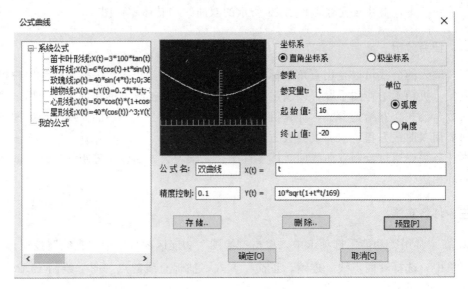

图 2-26 公式曲线对话框

立即菜单中,选择"拷贝"方式,选择要镜像的线,选择中心线作为镜像轴线,完成双曲线镜像操作,结果如图 2-29 所示。

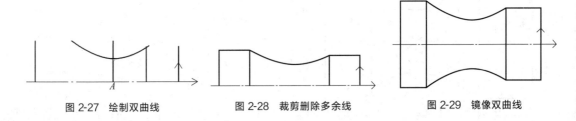

图 2-27 绘制双曲线　　　　图 2-28 裁剪删除多余线　　　　图 2-29 镜像双曲线

四、知识拓展

1. 公式曲线

根据数学公式或参数表达式快速绘制出相应的数学曲线。

公式的给出既可以是直角坐标形式,也可以是极坐标形式。公式曲线为用户提供一种更方便、更精确的作图手段,以适应某些精确型腔、轨迹线型的作图设计。用户只要交互输入数学公式,给定参数,计算机便会自动绘制出该公式描述的曲线。

① 单击"常用"功能区选项卡"绘图"功能区面板中的按钮 ⌒,或者选择"绘图"→"公式曲线"命令,或者在"绘图工具"工具栏上单击按钮 ⌒,系统将弹出图 2-30 所示的对话框。

② 在"公式曲线"对话框中,首先需要确定公式所表达的坐标系,可以设为"直角坐标系"或"极坐标系"。

③ 然后需要填写给定的参数:"参变量""起始值""终止值"以及"单位"。

④ 在编辑框中输入公式名、公式及精度。单击"预显[P]"按钮,在左侧的预览框中可以看到设定的曲线。

⑤ 对话框中还有"储存..""删除.."这 2 个按钮,"储存"一项是针对当前曲线而

| 项目二 CAXA CAM 数控车 2023 软件平面图形绘制 | 033

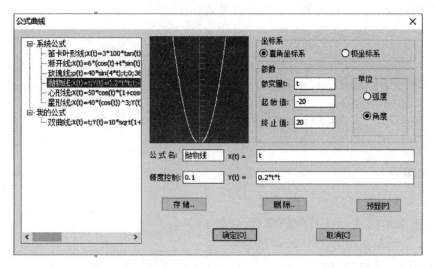

图 2-30 "公式曲线"对话框

言的,保存当前曲线;"删除"是对已存在的曲线进行删除操作,系统默认公式不能被删除。

⑥ 设定完曲线后,单击"确定[O]"按钮,按照系统提示输入定位点以后,一条公式曲线就绘制出来了。

公式曲线可以绘制常见的曲线,如抛物线、椭圆、双曲线、正余弦线、渐开线、笛卡叶形线、玫瑰线、心形线及星形线等。

2. 双曲线

双曲线标准方程如表 2-1 所示。

表 2-1 双曲线标准方程

标准方程		$\dfrac{x^2}{a^2}-\dfrac{y^2}{b^2}=1(a>0,b>0)$	$\dfrac{y^2}{a^2}-\dfrac{x^2}{b^2}=1(a>0,b>0)$
图形			
性质	焦点	$F_1(-c,0),F_2(c,0)$	$F_1(0,-c),F_2(0,c)$
	焦距	$\lvert F_1F_2\rvert=2c(c=\sqrt{a^2+b^2})$	$\lvert F_1F_2\rvert=2c(c=\sqrt{a^2+b^2})$

顶点:$A_1(-a,0)$,$A_2(a,0)$,A_1A_2 叫作双曲线的实轴,长 $2a$;$B_1(0,-b)$,$B_2(0,b)$,B_1B_2 叫作双曲线的虚轴,长 $2b$。

① 经过化简后焦点在 X 轴上的双曲线参数方程:

$$X(t)=a\times\text{sqrt}[1+t\times t/(b\times b)]$$
$$Y(t)=t$$

② 经过化简后焦点在 Y 轴上的双曲线参数方程：
$$X(t)=t$$
$$Y(t)=a\times \text{sqrt}[1+t\times t/(b\times b)]$$

任务四　抛物线轴类零件图绘制

一、任务导入

CAXA CAM 数控车 2023 软件提供公式曲线功能来完成一些特定的曲线。本任务主要是绘制如图 2-31 所示的抛物线轴类零件图。抛物线方程：$Y(t)=t$，$X(t)=-at^2=-t\times t/16$。

二、任务分析

此轴类零件图是含有一段抛物线弧的轴类零件，主要运用直线、公式曲线等功能绘制。本任务主要通过绘制抛物线轴类零件图，来学习抛物线的绘制方法、等距、裁剪、镜像和倒角功能的用法。

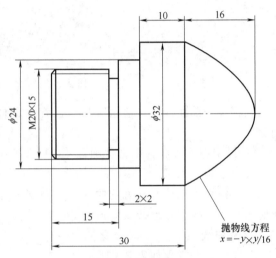

图 2-31　抛物线轴类零件图

三、任务实施

① 在"常用"功能区选项卡中，单击"绘图"功能区面板中的"公式曲线"按钮 ，弹出"公式曲线"对话框，输入抛物线方程 $X(t)=at^2=-t^2/16$，$Y(t)=t$，如图 2-32 所示。单击"确定[O]"退出"公式曲线"对话框，捕捉坐标中心点，完成抛物

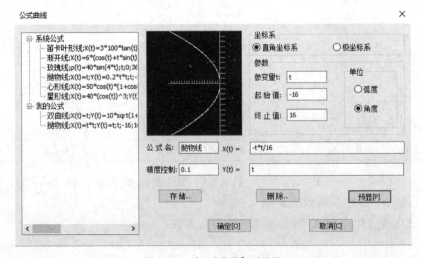

图 2-32　"公式曲线"对话框

线绘制，如图 2-33 所示。

② 在"常用"功能区选项卡中，单击"绘图"功能区面板中的"直线"按钮，在立即菜单中，选择"两点线、连续、正交"方式，捕捉抛物线左角点，向左绘制 10mm，向下绘制 4mm 直线，向左绘制 5mm 直线，同理完成零件其他轮廓线的绘制，如图 2-34 所示。

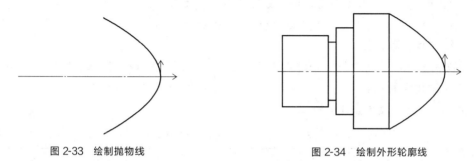

图 2-33　绘制抛物线　　　　　　　　图 2-34　绘制外形轮廓线

③ 在"常用"功能区选项卡中，单击"修改"功能区面板中的"倒角"按钮，在下面的立即菜单中，选择"长度、裁剪"，输入倒角距离"1"，角度"45"，拾取要倒角的第一条边线，拾取第二条边线，倒角完成，如图 2-35 所示。

④ 在"常用"功能区选项卡中，单击"特性"功能区面板中的"图层"按钮，打开"层设置"对话框。用鼠标左键单击"细实线层"，单击"设为当前（C）"按钮，颜色设置为"黑色"。

⑤ 在"常用"功能区选项卡中，单击"绘图"功能区面板中的"直线"按钮，在立即菜单中，选择"两点线、连续、正交"方式，捕捉倒角线左角点，向右绘制 13mm 直线，完成零件螺纹线的绘制，如图 2-36 所示。

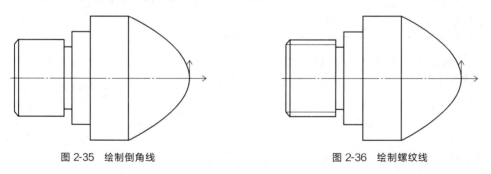

图 2-35　绘制倒角线　　　　　　　　图 2-36　绘制螺纹线

四、知识拓展

1. 普通方程化为参数方程

绘制用直角坐标方程表达的曲线 $y = f(x)$ 时，应该先转换成参数方程或极坐标方程，然后使用这些方程绘制曲线。把曲线的普通方程化为参数方程的关键是选参数。参数的选取要使它和 x、y 之间具有明显的数关系。参数方程实际上是一个方程组，其中 x、y 分别为曲线上动点的横坐标和纵坐标，参数方程的参数可以协调 x、y 的变化，把曲线上动点的各坐标间接地联系起来。与运动有关的问题可以取时间 t 作参数，与旋转的有关

问题可以选取角 θ 参数，或选取直线的倾斜斜角、斜率等。一般可设 $x=f(t)$ [或 $y=g(t)$]，将 x（或 y）代入 $F(x,y)=0$ 解出 $y=g(t)$ [或 $x=f(t)$]，即可得参数方程：$x=f(t)$，$y=g(t)$。方程中 t 是参数。

例如选取适当参数，把直线方程 $y=2x+3$ 化为参数方程。

解：选 $t=x$，则 $y=2t+3$，由此得直线的参数程为 $x=1$，$y=2t+3$。也可选 $t=x+1$，则 $y=2t+1$，由此得直线的参数方程为

$$x=t-1, \quad y=2t+1$$

2. 抛物线参数方程

抛物线定义：平面内与一个定点 F 和一条直线 l 的距离相等的点的轨迹叫作抛物线，点 F 叫作抛物线的焦点，直线 l 叫作抛物线的准线，定点 F 不在定直线上。表 2-2 所示为四种抛物线性质及焦点半径公式。

表 2-2 四种抛物线性质及焦点半径公式

方程	$y^2=2px$（$p>0$）	$y^2=-2px$（$p>0$）	$x^2=2py$（$p>0$）	$x^2=-2py$（$p>0$）
图形				
范围	$x\geq 0, y\in R$	$x\leq 0, y\in R$	$x\in R, y\geq 0$	$x\in R, y\leq 0$
对称性	关于 x 轴对称	关于 x 轴对称	关于 y 轴对称	关于 y 轴对称
顶点	(0,0)	(0,0)	(0,0)	(0,0)
焦半径	$\frac{p}{2}+x_0$	$\frac{p}{2}-x_0$	$\frac{p}{2}+y_0$	$\frac{p}{2}-y_0$
焦点弦的长度	$p+x_1+x_2$	$p-(x_1+x_2)$	$p+y_1+y_2$	$p-(y_1+y_2)$

抛物线标准方程为 $y^2=\pm 2px$。

① 经过化简后焦点在 x 轴上的抛物线参数方程：

$$x=\pm(1/2p)\times t\times t$$
$$y(t)=t$$

② 经过化简后焦点在 y 轴上的抛物线参数方程：

$$x=t$$
$$y(t)=\pm(1/2p)\times t\times t$$

例如图 2-37 所示抛物线标准方程 $z=-x\times x/4$，则经过化简后焦点在 x 轴上的抛物线参数方程可表示为：

$$x=-0.25\times t\times t \quad (t\text{ 值取值范围为}-20°\sim 20°)$$
$$y(t)=t$$

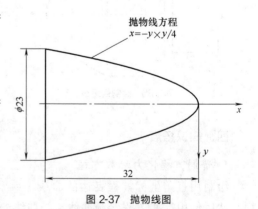

图 2-37 抛物线图

任务五 椭圆轴零件图绘制

一、任务导入

CAXA CAM 数控车 2023 软件提供高级曲线功能，高级曲线是指由基本元素组成的一些特定的图形或特定的曲线。本任务主要是绘制如图 2-38 所示的椭圆轴零件图。

二、任务分析

高级曲线包括样条、点、公式曲线、椭圆、正多边形、圆弧拟合样条、局部放大图、波浪线、双折线、箭头、齿轮、孔/轴。图 2-38 所示椭圆轴零件图是含有一段椭圆弧的椭圆轴零件，主要运用直线、椭圆等功能绘制。本任务主要通过绘制椭圆轴零件图，来学习椭圆的绘制方法、等距、裁剪、镜像和倒角功能的用法。

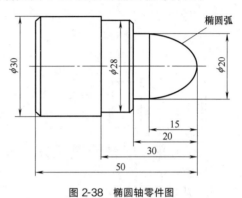

图 2-38 椭圆轴零件图

三、任务实施

① 单击"常用"功能区选项卡"绘图"功能区面板上的"椭圆"按钮 ⬭ 。在立即菜单"1."中选择"给定长短轴"方式，单击立即菜单中的"2. 长半轴"输入"15"，"3. 短半轴"输入"10"，如图 2-39 所示。输入椭圆的中心点坐标"（-15，0）"，完成椭圆的绘制，如图 2-40（a）所示。

![立即菜单] 1.给定长短轴 2.长半轴 15 3.短半轴 10 4.旋转角 0 5.起始角= 0 6.终止角=

图 2-39 立即菜单

② 在"常用"功能区选项卡中，单击"绘图"功能区面板中的"直线"按钮 ╱ ，在立即菜单中，选择"两点线、连续、正交"方式，捕捉椭圆中点，向上绘制 10mm ，向左绘制 5mm 直线，向上绘制 4mm 直线，同理完成零件其他轮廓线的绘制，如图 2-40（b）所示。

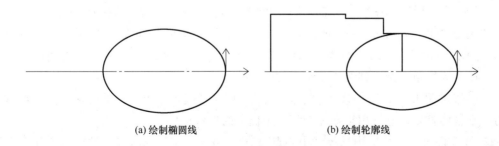

(a) 绘制椭圆线   (b) 绘制轮廓线

图 2-40 绘制椭圆线和轮廓线

③ 在"常用"功能区选项卡中,单击"修改"面板上的"裁剪"按钮，单击多余线,裁剪结果如图 2-41 所示。

④ 在"常用"功能区选项卡中,单击"修改"功能区面板中的"倒角"按钮，在下面的立即菜单中,选择"长度、裁剪",输入倒角距离"1",角度"45",拾取要倒角的第一条边线,拾取第二条边线,倒角绘制完成,如图 2-41 所示。

⑤ 在"常用"功能区选项卡中,单击"修改"面板上的"镜像"按钮，在立即菜单中,选择"拷贝"方式,选择要镜像的线,选择镜像轴线,完成镜像操作,结果如图 2-42 所示。

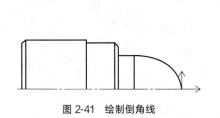
图 2-41　绘制倒角线

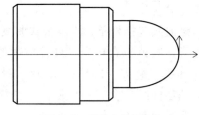
图 2-42　镜像上部轮廓线

四、知识拓展

绘制椭圆或椭圆弧。

绘制椭圆或椭圆弧的方法包括如下 3 种生成方式：给定长短轴、轴上两点和中心点起点。

单击"常用"功能区选项卡"绘图"功能区面板中的按钮，执行 ellipse 命令。

在屏幕下方弹出的立即菜单,如图 2-43 所示。以定位点为中心画一个旋转角为 0°、长半轴为 100mm、短半轴为 50mm 的整个椭圆,此时,用鼠标或键盘输入一个定位点。一旦位置确定,椭圆即被绘制出来。用户会发现,在移动鼠标确定定位点时,一个长半轴为 100mm、短半轴为 50mm 的椭圆随光标的移动而移动。

图 2-43　绘制椭圆立即菜单

① 单击立即菜单中的"2.长半轴"或"3.短半轴",可重新定义待画椭圆的长、短轴的半径值。

② 单击立即菜单中的"4.旋转角",可输入旋转角度,以确定椭圆的方向。

③ 单击立即菜单中的"5.起始角＝"和"6.终止角＝",可输入椭圆的起始角和终止角,当起始角为 0°、终止角为 360°时,所画的为整个椭圆,当改变起、终角时,所画的为一段从起始角开始、到终止角结束的椭圆弧。

④ 在立即菜单"1."中选择"轴上两点",则系统提示输入一个轴的两端点,然后输入另一个轴的长度,也可用鼠标拖动来决定椭圆的形状。

⑤ 在立即菜单"1."中选择"中心点_起点"方式,则应输入椭圆的中心点和一个轴的端点（即起点）,然后输入另一个轴的长度,也可用鼠标拖动来决定椭圆的形状。

任务六 轴套类零件图形绘制

一、任务导入

CAXA CAM 数控车 2023 软件提供了强大的编辑、修改图形的功能，用户可以方便、灵活、快速、高效地修改图形，使用户从烦琐的重复绘图中解脱出来，极大地缩短了产品设计时间。本任务主要是绘制图 2-44 所示轴套类零件图形。

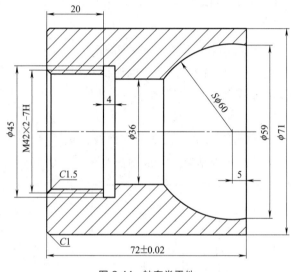

图 2-44 轴套类零件

二、任务分析

该零件为轴套类零件，包括内孔、圆弧面和内槽等结构。绘制轴套类零件可采用孔/轴功能来完成，提高绘图效率。

三、任务实施

① 在常用选项卡中，单击绘图生成栏中的孔/轴按钮，用鼠标捕捉右边中心点，这时出现新的立即菜单，在【2：起始直径】和【3：终止直径】文本框中分别输入轴的直径 71，移动鼠标，则跟随着光标将出现一个长度动态变化的轴，键盘输入轴的长度 72，右击结束命令。如图 2-45 所示。

② 在常用选项卡中，单击绘图生成栏中的孔/轴按钮，用鼠标捕捉左边中心点，这时出现新的立即菜单，在【2：起始直径】和【3：终止直径】文本框中分别输入轴的直径 39，移动鼠标，则跟随着光标将出现一个长度动态变化的轴，键盘输入轴的长度 20，右击结束命令。同理绘制右端内轮廓线。如图 2-46 所示。

③ 在常用选项卡中，单击绘图生成栏中的圆按钮，选择圆心-半径方式，输入圆

心坐标（-5,0），输入半径30，回车，完成 $R30$ 圆绘制。如图2-47所示。

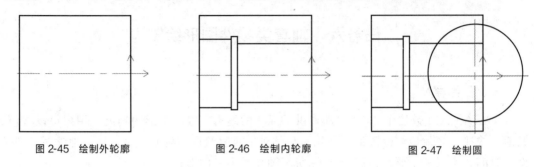

图 2-45　绘制外轮廓　　　　图 2-46　绘制内轮廓　　　　图 2-47　绘制圆

④ 在常用选项卡中，单击修改生成栏中的裁剪按钮，单击多余线，裁剪结果如图 2-48 所示。

⑤ 在常用选项卡中，单击修改生成栏中的倒角按钮，在下面的立即菜单中，选择长度、裁剪，输入倒角距离 1.5，角度 45，拾取要倒角的第一条边线，拾取第二条边线，一个倒角完成，同样方法完成其他倒角绘制，然后用直线命令绘制倒角直线，如图 2-49 所示。

⑥ 在常用选项卡中，单击绘图生成栏中的剖面线按钮，单击拾取上边环内一点，单击拾取下边环内一点，单击右键结束，完成剖面线填充，如图 2-50 所示。

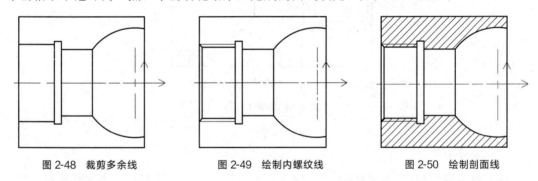

图 2-48　裁剪多余线　　　　图 2-49　绘制内螺纹线　　　　图 2-50　绘制剖面线

四、知识拓展

使用 CAXA CAM 数控车 2023 软件自动编写加工程序的过程实际包含三大部分：第一是创建图形，利用各种绘图工具绘制各种曲线和图形；第二是在图形创建后，对已经绘制的图形进行编辑修改，因此编辑修改功能是所有计算机绘图软件不可缺少的基本功能；第三是生成刀路轨迹，编写加工程序。

CAXA CAM 数控车 2023 软件提供了绘图和修改功能。修改包括删除、裁剪、过渡、打断、拉伸、打散，几何变换包括平移、复制、旋转、镜像、阵列和比例缩放。"绘图"功能区面板如图 2-51 所示，"修改"功能区面板如图 2-52 所示。

1. 删除

单击并选择"修改"功能区面板中的"删除"按钮，启动该命令，状态行提示"拾取添加"，选择需要删除的对象，按鼠标右键或按 Enter 键确认，选择的对象即被删除。

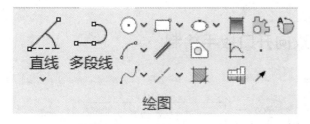

图 2-51 "绘图"功能区面板

图 2-52 "修改"功能区面板

2. 平移

平移命令可以将一个选择集从指定的位置移动到另一位置。单击并选择"修改"功能区面板中的"平移"按钮 ❖，启动该命令，系统弹出图 2-53 所示的立即菜单。

图 2-53 平移对象立即菜单

① 偏移方式：给定两点或给定偏移。给定两点是指通过两点的定位方式完成图形移动；给定偏移是用给定偏移量的方式进行平移。

② 图形状态：将图素移动到一个指定位置上，可根据需要在立即菜单"2."中选择"保持原态"或"平移为块"。

③ 旋转角：图形在进行平移时，允许指定图形的旋转角度。

④ 比例：进行平移操作之前，允许用户指定被平移图形的缩放系数。

3. 平移复制

对拾取到的实体进行复制粘贴。单击"常用"功能区选项卡"修改"功能区面板上的"平移复制"按钮 ⚙，可弹出图 2-54 所示的立即菜单。

图 2-54 平移复制立即菜单

① 偏移方式：给定两点或给定偏移。给定两点是指通过两点的定位方式完成图形平移复制；给定偏移是用给定偏移量的方式进行平移复制。

② 图形状态：将图素移动到一个指定位置上，可根据需要在立即菜单"2."中选择"保持原态"或"粘贴为块"。

③ 旋转角：图形在进行平移复制时，允许指定图形的旋转角度。图形在进行复制或平移时，允许指定实体的旋转角度，可由键盘输入新值。

④ 比例：进行平移复制操作之前，允许用户指定被平移复制图形的缩放系数。

⑤ 份数：所谓份数即要复制的图形数量。系统根据用户指定的两点距离和份数，计算每份的间距，然后再进行复制。

注：如果立即菜单中的份数值大于 1，则系统要根据给出的基准点与用户指定的目标点以及份数，来计算各复制图形间的间距。具体地说，就是按基准点和目标点之间所确定的偏移量和方向，朝着目标点方向安排若干个被复制的图形。

任务七　双向开口扳手绘制

一、任务导入

开口扳手是机械行业加工、生产、维修的重要工具，可快速拧紧螺栓或螺母，工作速度比传统扳手快3~4倍。本任务是绘制图2-55所示的双向开口扳手。

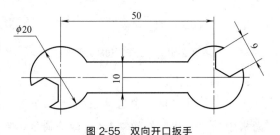

图2-55　双向开口扳手

二、任务分析

双向开口扳手左右不对称但相似，可以先绘制一半图形，另一半采用CAXA CAM 数控车2023软件中的旋转复制命令来完成。本任务主要练习用命令或者快捷键命令进行绘图和编辑的操作，记住并使用常用快捷键可以提高绘图效率。

三、任务实施

① 在命令行输入"Rect"，启动"矩形"命令，绘制25mm×10mm的矩形，立即菜单设置为"长度和宽度""中心定位""角度＝0""长度＝25""宽度＝10""无中心线"，在屏幕上拾取任意一点作为定位点，完成矩形的绘制。

② 在命令行输入"Cir"或者"C"快捷键启动"画圆"命令，立即菜单设置为"直径""有中心线""中心线延伸长度＝3"。拾取矩形左边线中点→输入"20"，并按Enter键确认，然后按鼠标右键结束"Cir"命令。

③ 在命令行输入"Polygon"或者"Pol"快捷键，启动"多边形"命令，立即菜单设置为"中心定位""给定半径""外切于圆""边数＝6""旋转角＝30""无中心线"。拾取ϕ20mm的圆心→输入半径"4.5"，并按Enter键，完成正六边形的绘制。

④ 在命令行输入"La"，启动"角度线"命令，立即菜单设置为"X轴夹角""到线上""度＝225"。拾取六边形的左上角点A→单击ϕ20mm的圆周，完成角度线绘制，如图2-56所示。

⑤ 在命令行输入"Move"或者"M"快捷键，启动"平移"命令，立即菜单设置为"给定两点""保持原态""角度＝0""比例＝1"。拾取正六边形，并按鼠标右键确认拾取→拾取角度线的上端点A→拾取角度线的下端点B，完成移动，如图2-57所示。

⑥ 单击"常用"功能区选项卡"修改"功能区面板中的按钮 ，删除角度线。

⑦ 在命令行输入"Trim"或者"Tr"快捷键，启动"裁剪"命令，裁剪掉多余部分，如图2-58所示。

⑧ 在命令行输入"Rotate"或者"Ro"快捷键，启动"旋转"命令，立即菜单设置为"给定角度""拷贝"。拾取除水平中心线外的所有部分，按鼠标右键确认→拾取矩形的右边线中点→输入"180"，并按Enter键完成旋转复制，得到图2-59。

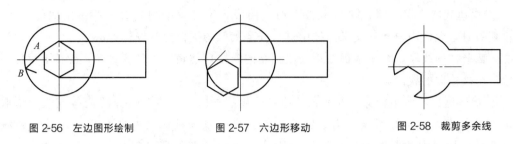

图 2-56　左边图形绘制　　　图 2-57　六边形移动　　　图 2-58　裁剪多余线

⑨ 单击"常用"功能区选项卡"修改"功能区面板中的按钮，删除角度线。

⑩ 用夹点编辑方式延长水平中心线至合适位置；在命令行输入"Dim"，启动"尺寸标注"命令标注尺寸，结果如图 2-55 所示。

四、知识拓展

1. 旋转对象

使用"旋转"命令可以将某一个或一组对象围绕指定的基点旋转指定的角度，可以只进行旋转，也可以在旋转过程中复制旋转对象。

在命令行输入"Rotate"或单击"常用"功能区选项卡"修改"功能区面板中的按钮，系统弹出图 2-60 所示的立即菜单。

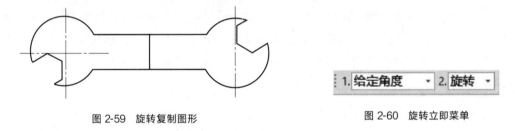

图 2-59　旋转复制图形　　　　　　图 2-60　旋转立即菜单

① 按系统提示拾取要旋转的图形，可单个拾取，也可用窗口拾取，拾取到的图形虚线显示，拾取完成后右击加以确认。

② 这时操作提示变为"基点"，用鼠标指定一个旋转基点。操作提示变为"旋转角"。此时，可以由键盘输入旋转角度，也可以用鼠标移动来确定旋转角。由鼠标确定旋转角时，拾取的图形随光标的移动而旋转。当确定了旋转位置之后，单击鼠标左键，旋转操作结束。还可以通过动态输入旋转角度。

③ 切换"给定角度"为"起始终止点"，首先按立即菜单提示选择旋转基点，然后通过鼠标移动来确定起始点和终止点，完成图形的旋转操作。

④ 如果用鼠标选择立即菜单中的"2. 旋转"，则该项内容变为"2. 拷贝"。用户按这个菜单内容能够进行复制操作。复制操作的方法与操作过程与旋转操作完全相同，只是复制后原图不消失。

2. 裁剪

CAXA CAM 数控车 2023 软件允许对当前的一系列图形元素进行裁剪操作。裁剪具有很强的灵活性，在实践过程中熟练掌握将大大提高工作效率。裁剪操作分为快速裁剪、拾取边界裁剪和批量裁剪三种方式。

① 快速裁剪：用鼠标直接拾取被裁剪的曲线，系统自动判断边界并作出裁剪响应。快速裁剪时，允许用户在各交叉曲线中进行任意裁剪的操作。其操作方法是直接用光标拾取要被裁剪掉的线段，系统根据与该线段相交的曲线自动确定出裁剪边界，待按下鼠标左键后，将被拾取的线段裁剪掉。

② 拾取边界：对于相交情况复杂的边界，数控车提供了拾取边界的裁剪方式。拾取一条或多条曲线作为剪刀线，构成裁剪边界，对一系列被裁剪的曲线进行裁剪。系统将裁剪掉所拾取到的曲线段，保留在剪刀线另一侧的曲线段。另外，剪刀线也可以被裁剪。

③ 批量裁剪：当曲线较多时，可以对曲线进行批量裁剪。

单击"常用"功能区选项卡"修改"功能区面板中的按钮 ，系统进入默认的快速裁剪方式。

任务八　六角槽轮图形绘制

一、任务导入

槽轮机构是由槽轮和圆柱销组成的单向间歇运动机构，又称为马耳他机构。它常被用来将主动件的连续转动转换成从动件的带有停歇的单向周期性转动。槽轮机构结构简单，易加工，工作可靠，转角准确，机械效率高。本任务主要完成如图2-61所示的六角槽轮的图形绘制。

二、任务分析

图2-61所示六角槽轮图形为圆盘结构，可以先绘制一个角的图形，其他角可以用阵列命令来完成，这样可以提高绘图速度。本任务主要学习阵列命令用法及常用快捷键命令用法，记住并使用常用快捷键提高绘图效率。

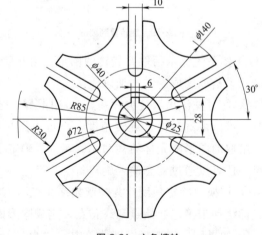

图 2-61　六角槽轮

三、任务实施

① 用鼠标左键单击"常用"功能区选项卡"特性"功能区面板中的"图层"按钮 ，弹出"层设置"对话框，单击"中心线层"切换为当前图层。

② 在命令行输入"Cir"或者"C"快捷键，启动"圆心_半径"绘制圆命令绘制 $\phi 72mm$ 的圆，立即菜单设置为"直径"和"无中心线"，根据状态行提示输入圆心坐标"(0，0)"和直径"72"。

③ 用鼠标左键单击"常用"功能区选项卡"特性"功能区面板中的"图层"按钮

，弹出"层设置"对话框，单击"粗实线层"切换为当前图层。

④ 在命令行输入"Cir"或者"C"快捷键，启动"圆心_半径"方式绘制圆命令绘制 $\phi 25$mm、$\phi 40$mm、$\phi 140$mm 的同心圆，立即菜单设置为"直径"和"无中心线"，根据状态行提示输入圆心坐标"（0，0）"和相应直径。绘制 $\phi 140$mm 的圆时立即菜单切换至"有中心线"方式。

⑤ 在命令行输入"LL"，启动"平行线"命令绘制垂直中心线的双向平行线，立即菜单设置为"偏移方式"和"双向"，拾取垂直中心线，输入偏移距离"5"，如图 2-62（a）所示。

⑥ 在命令行输入"Appr"，启动"两点_半径"绘制圆弧命令绘制 $R5$mm 的小圆弧，两点取 $\phi 72$mm 的圆与上步绘制的两平行线的交点，半径为 5mm，如图 2-62（a）所示。

⑦ 在命令行输入"Acra"，启动"圆心_半径_起终角"方式绘制圆弧命令，立即菜单设置为"半径＝30""起始角＝120"和"终止角＝240"，状态行提示"圆心点："时，输入"（85，0）"，并按 Enter 键得到图 2-62（a）。

⑧ 在命令行输入"Trim"或者"Tr"快捷键，启动"裁剪"命令，以"拾取边界"方式裁剪图形，剪刀线为 $\phi 140$mm 的圆和 $R5$mm 的圆弧，裁剪后得到图 2-62（b）。

⑨ 在命令行输入"Array"，启动"阵列"命令进行圆形阵列，立即菜单设置为"圆形阵列""旋转""均布"和"份数＝6"，中心点为同心圆圆心，阵列对象为 $R30$mm 的圆弧、$R5$mm 的圆弧、修剪后的平行线及垂直中心线，阵列后得到图 2-62（c）。

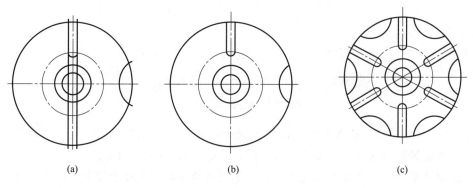

图 2-62　六角槽轮绘制过程

⑩ 在命令行输入"Trim"或者"Tr"快捷键，启动"裁剪"命令，以"拾取边界"方式裁剪图形，剪刀线为除 $R5$mm 圆弧外的所有阵列对象［见图 2-63（a）］，裁剪后得到图 2-63（b）。

⑪ 在命令行输入"LL"，启动"平行线"命令绘制水平中心线向上偏移 15.5mm 的单向平行线，立即菜单设置为"偏移方式"和"单向"。

⑫ 再次使用"平行线"命令绘制垂直中心线双向偏移 3mm 的平行线，立即菜单设置为"偏移方式"和"双向"。

⑬ 在命令行输入"Trim"或者"Tr"快捷键，启动"裁剪"命令，以"拾取边界"方式裁剪多余线，完成键槽的绘制，得到图 2-63（c）。

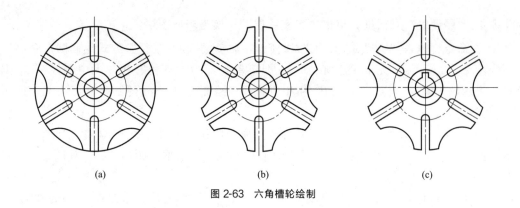

图 2-63　六角槽轮绘制

四、知识拓展

1. 阵列对象

在机械绘图中，常常需要重复绘制多个同样的图形。尽管可以使用 Copy 命令制作多个对象的复制，但是若所复制的对象在 x 轴或 y 轴上是等间距分布的，或者围绕同一个中心点旋转同间距分布，使用阵列命令更简单快捷。CAXA CAM 数控车 2023 软件的阵列命令可以进行矩形阵列、圆形阵列和曲线阵列。

在命令行输入"Array"或单击"常用"功能区选项卡"修改"功能区面板中的按钮 ▦。CAXA CAM 数控车 2023 软件提供了"圆形阵列""矩形阵列"和"曲线阵列"三种方式，可按 Alt＋1 组合键在三种方式之间进行切换。各种方式的执行过程各异，分述如下。

（1）圆形阵列

"圆形阵列"的二级命令为 ArrayC，立即菜单如图 2-64 所示。

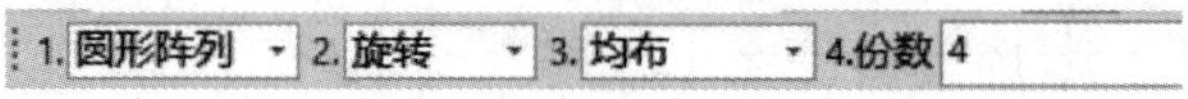

图 2-64　圆形阵列立即菜单

在"旋转"方式下，拾取阵列对象后，状态行提示"中心点："，单击中心点即完成阵列。

在"不旋转"方式下，拾取阵列对象后，状态行首先提示"中心点："，拾取中心点后状态行提示"基点："，选择基点完成阵列。基点是指在阵列过程中与中心点的距离保持不变的点。

按 Alt＋3 组合键选择是在整个圆周上均布还是在给定的夹角范围内均布。"均布"是指阵列对象均布于整个圆周，这时按 Alt＋4 组合键可以输入均布的份数；选择"给定夹角"，则立即菜单扩展为如图 2-65 所示样式，此时可按 Alt＋4 组合键输入阵列后相邻两个对象之间的夹角，按 Alt＋5 组合键输入阵列的填充角度。

图 2-65　圆周阵列给定夹角方式的立即菜单

（2）矩形阵列

"矩形阵列"方式的二级命令为 Arrayr，立即菜单如图 2-66 所示。立即菜单给出了阵列的默认参数，修改相应的参数，拾取需阵列的对象，按鼠标右键确认拾取即可完成矩形阵列。

在立即菜单中，行间距输入负数表示向下阵列，输入正数表示向上阵列；列间距输入负数表示向左阵列，输入正数表示向右阵列。

| 1.矩形阵列 | 2.行数 2 | 3.行间距 30 | 4.列数 3 | 5.列间距 35 | 6.旋转角 30 |

图 2-66 矩形阵列立即菜单

（3）曲线阵列

"曲线阵列"使在一条或多条首尾相连的曲线上生成均布的图形选择集。各图形选择集的结构相同，位置不同，其姿态是否相同取决于"旋转/不旋转"选项。其二级命令为 ArraySpl。

启动"阵列"命令，按 Alt＋1 组合键将阵列方式切换至"曲线阵列"，立即菜单变为图 2-67 所示的样式。

| 1.曲线阵列 | 2.单个拾取母线 | 3.旋转 | 4.份数 4 |

图 2-67 曲线阵列立即菜单

| 1.拷贝 | 2.比例因子 |

图 2-68 比例缩放立即菜单

2. 比例缩放

该命令用于对拾取到的实体按比例放大和缩小，但不改变形状。

单击"常用"功能区选项卡"修改"功能区面板中的按钮▢，启动"比例缩放"命令，状态行提示"拾取添加"，选择需要缩放的对象并按右键确认拾取后，立即菜单如图 2-68 所示。

① 拷贝：该项就是在进行比例缩放操作时，除了图素生成缩放比例目标图形，还会保留原图形。单击该项，切换到"平移"项，进行比例缩放操作后，只生成目标图形，原图在屏幕上消失。

② 比例因子：可以使用比例因子与参考方式两种缩放方式。

③ 尺寸值不变：用鼠标单击该项，则该项内容变为"尺寸变化"。如果拾取的图素中包含尺寸元素，则该项可以控制尺寸的变化。当选择"尺寸不变"时，所选择尺寸元素不会随着比例变化而变化。反之当选择"尺寸变化"时，尺寸值会根据相应的比例进行放大或缩小。

用鼠标指定一个比例缩放的基点，则系统提示输入比例系数。当移动鼠标时，会看到图形在屏幕上动态显示，用户认为光标位置合适后，单击鼠标左键，系统会自动根据基点和当前光标点的位置来计算比例系数，一个变换后的图形立即显示在屏幕上。用户也可通过键盘直接输入缩放的比例系数。

图 2-69 是原图，使用比例因子 2 进行缩放，图 2-70 是放大的图。

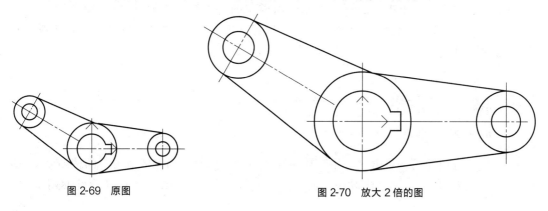

图 2-69 原图　　　　　　图 2-70 放大 2 倍的图

任务九　成形面轴零件图绘制

一、任务导入

轴类零件是五金配件中经常遇到的典型零件之一，它主要用来支承传动零部件，传递转矩和承受载荷。轴类零件按结构形式不同，一般可分为光轴、阶梯轴和异形轴三类，或分为实心轴、空心轴等。本任务是绘制图 2-71 所示成形面轴零件的平面图形。

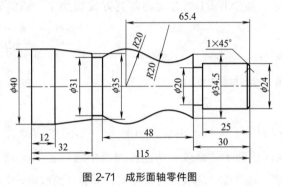

图 2-71　成形面轴零件图

二、任务分析

此成形面轴零件由 $R20$mm 的两段圆弧及圆柱圆锥面组成，画图时，以右面端面中心为工件坐标系零点画图，$R20$mm 凹圆弧采用"两点_半径"圆命令绘制。

三、任务实施

① 启动 CAXA CAM 数控车 2023 软件。双击桌面上的 CAXA CAM 数控车 2023 软件快捷图标，启动 CAXA CAM 数控车 2023 软件。

② 选取当前图形颜色。单击"工具"功能区选项卡"选项"功能区面板中的按钮，调用"系统设置"功能后，在弹出的对话框左侧参数列表中选择"显示"，选取当前绘图区颜色为白色。

③ 绘制中心线。单击"绘图"功能区面板中的"直线"按钮，按图 2-72 修改立即菜单，单击下面"正交"，捕捉坐标中心，鼠标向左移动，输入长度"120"，绘制一段 120mm 的直线，如图 2-73 所示。

图 2-72　立即菜单　　　　　　　　　图 2-73　绘制中心线

④ 作等距辅助线。单击"常用"功能区选项卡"修改"功能区面板中的按钮，按图 2-74 修改距离值；鼠标拾取中心线，单击向上箭头（见图 2-75），即可生成距离为

10mm 的等距线。重复上面的步骤，分别作出距离为 12mm、15.5mm、17.25mm、20mm 的等距线，如图 2-76 所示。

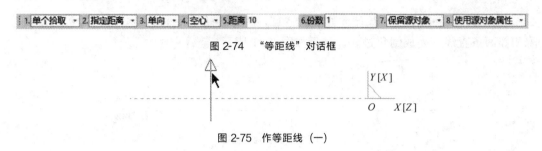

图 2-74 "等距线"对话框

图 2-75 作等距线（一）

⑤ 绘制端面线。单击"绘图"功能区面板中的"直线"按钮，单击下面"正交"，捕捉坐标中心，鼠标向上移动，输入长度"20"，绘制一段 20mm 的直线，如图 2-77 所示。

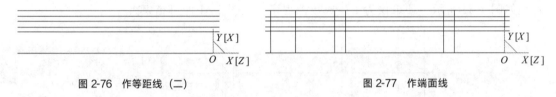

图 2-76 作等距线（二）　　　　　　图 2-77 作端面线

⑥ 作等距线绘出零件的端面线。按上述步骤④作出各个竖直的等距线，如图 2-77 所示。

⑦ 修剪曲线。单击"常用"功能区选项卡"修改"功能区面板中的按钮，或者"Tr"快捷键，启动"裁剪"命令，以"拾取边界"方式裁剪多余线。单击"常用"功能区选项卡"修改"功能区面板中的"拉伸"按钮。设置立即菜单，如图 2-78 所示，按提示要求用鼠标拾取所要拉伸的直线，输入长度"17.5"，结果如图 2-79 所示。

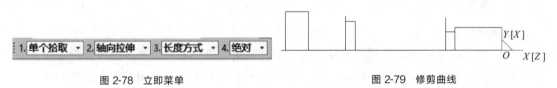

图 2-78 立即菜单　　　　　　　　图 2-79 修剪曲线

⑧ 绘制锥面及圆弧。单击"绘图"功能区面板中的"直线"按钮，单击下面"非正交"，鼠标拾取锥面两端点，按鼠标左键确认。在"常用"功能区选项卡中，单击"绘图"功能区面板中的"圆"按钮，选择"圆心_半径"方式，输入圆心坐标值"(-65.4, 0)"，按回车键确定；输入半径值"20"，按回车键确定。再单击"绘图"

功能区面板中的"圆"按钮，在立即菜单选择"两点_半径"方式；鼠标拾取圆弧右端点，按空格键弹出点工具菜单，如图 2-80 所示选择"切点"，单击相切圆弧；在输入对话框输入半径值"20"后确定。单击"常用"功能区选项卡"修改"功能区面板

图 2-80 点工具菜单

中的按钮 ，去除不需要的部分。

⑨ 倒角。在"常用"功能区选项卡中,单击"修改"功能区面板中的"倒角"按钮 ，在立即菜单中将"3.长度"修改为"1",将"4.角度"修改为"45°",然后单击拾取相邻两条直线,完成倒角过渡。结果如图2-81所示。

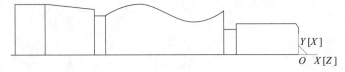

图2-81 修剪后的曲线

⑩ 镜像。在"常用"功能区选项卡中,单击"修改"功能区面板中的"镜像"按钮 ，在立即菜单中,选择"拷贝"方式,选择要镜像的线,选择镜像轴线,完成镜像操作,如图2-82所示。如果仅为了生成数控程序,至图2-81即可结束。

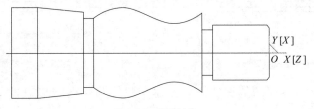

图2-82 平面镜像

利用等距线作图是一种常用的方法,另一种常用的作图方法是坐标点作图法,即通过依次输入各节点的坐标值来作图。还有一种方法,即利用"孔/轴"功能绘制,在给定位置画出带有中心线的轴和孔或画出带有中心线的圆锥孔和圆锥轴。

四、知识拓展

1. 孔/轴

"孔/轴"命令在绘图过程中是常用的命令,利用它可以非常方便快捷地在指定位置绘制带有中心线的阶梯孔/轴和圆锥孔/轴。该命令对于经常需要进行相关图形绘制的用户是非常实用的工具。

单击"常用"功能区选项卡"绘图"功能区面板中的按钮 。在屏幕上给定位置画出带有中心线的阶梯轴或画出带有中心线的圆锥轴。

① 单击立即菜单"1.",则可进行"轴""孔"的切换,不论是画轴还是画孔,剩下的操作方法完全相同。轴与孔的区别只是在于在画孔时省略两端的端面线。

② 选择立即菜单中的"2.直接给出角度",用户可以按提示在"3.中心线角度"中输入一个角度值,以确定待画轴或孔的倾斜角度,角度的范围是"(-360,360)"。

③ 按提示要求,移动鼠标或用键盘输入一个插入点,这时在立即菜单处出现一个新的立即菜单,见图2-83。

`1.轴 ▼ 2.直接给出角度 ▼ 3.中心线角度 0`

图2-83 轴的立即菜单

④ 立即菜单列出了待画轴的已知条件，提示表明下面要进行的操作。此时，如果移动鼠标会发现，一个直径为 100mm 的轴被显示出来。该轴以插入点为起点，其长度由用户给出。

⑤ 如果单击立即菜单中的"2. 起始直径"或"3. 终止直径"，用户可以输入新值以重新确定轴或孔的直径。如果起始直径与终止直径不同，则画出的是圆锥孔或圆锥轴。

⑥ 立即菜单"4. 有中心线"表示在轴或孔绘制完后，会自动添加上中心线，如果单击"无中心线"方式则不会添加上中心线。

⑦ 当立即菜单中的所有内容设定完后，用鼠标确定轴或孔上一点，或由键盘输入轴或孔的轴长度。输入结束，一个带有中心线的轴或孔被绘制出来。

图 2-84（a）绘制的是带中心线、角度为 45°的阶梯轴，图 2-84（b）绘制的是带中心线的普通阶梯轴。

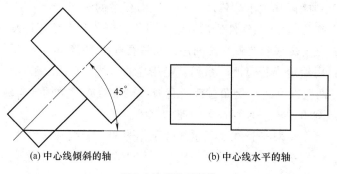

(a) 中心线倾斜的轴　　　　(b) 中心线水平的轴

图 2-84　轴绘制示例

2. 镜像

"镜像"命令经常用于具有轴对称性质的图形绘制和编辑中。其方法是先绘制一半图形，另一半用"镜像"命令生成。

在命令行输入"Mirror"或单击"常用"功能区选项卡"修改"功能区面板中的按钮 ，系统弹出相应的立即菜单。

① 按系统提示拾取要镜像的图素，可单个拾取，也可用窗口拾取，拾取到的图素以虚线显示，拾取完成后右击加以确认。

② 这时操作提示变为"选择轴线"，用鼠标拾取一条作为镜像操作的对称轴线，一个以该轴线为对称轴的新图形显示出来，同时原来的实体即刻消失。

③ 如果用鼠标单击立即菜单"选择轴线"，则该项内容变为"给定两点"。其含义为允许用户指定两点，两点连线作为镜像的对称轴线，其他操作与前面相同。

④ 如果用鼠标选择立即菜单中的"镜像"，则该项内容变为"复制"，用户按这个菜单内容能够进行复制操作。复制操作的方法与操作过程和镜像操作完全相同，只是复制后原图不消失。

命令执行时，状态行首先提示"拾取元素:"，用框选方式选择需要镜像的对象，例如图 2-85 所示的三角形 ABC 及文字标注，按鼠标右键完成拾取。

若选择了"拾取两点"，状态行依次提示"第一点:"和"第二点:"，拾取镜像轴的两个端点即完成镜像；若选择了"选择轴线"，状态行提示"拾取轴线:"，在镜像轴上单击

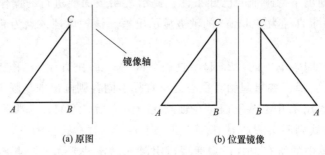

图 2-85 三角形 ABC 镜像

即完成镜像。

3. 过渡

单击"常用"功能区选项卡"修改"功能区面板中的按钮 □。

CAXA CAM 数控车 2023 软件的过渡包括圆角、倒角和尖角等过渡操作。

圆角过渡：在两直线（或圆弧）之间用圆角进行光滑过渡。

多圆角过渡：用给定半径过渡一系列首尾相连的直线段。

倒角过渡：在两直线间进行倒角过渡。直线可被裁剪或向角的方向延伸。

多倒角过渡：倒角过渡一系列首尾相连的直线。

内倒角过渡：拾取一对平行线及其垂线分别作为两条母线和端面线生成内倒角。

外倒角过渡：拾取一对平行线及其垂线分别作为两条母线和端面线生成外倒角。

尖角过渡：在两条曲线（直线、圆弧、圆等）的交点处，形成尖角过渡。两曲线若有交点，则以交点为界，多余部分被裁剪掉；两曲线若无交点，则系统首先计算出两曲线的交点，再将两曲线延伸至交点处。

任务十　吊环头零件图绘制

一、任务导入

本任务是绘制图 2-86 所示吊环头零件的平面图形。

二、任务分析

图 2-86 所示的吊环头零件是一个回转体零件，绘制这个零件时用到了一些曲线和图形编辑命令。通过该图形的绘制，巩固各种图形绘制命令操作。

三、任务实施

1. 绘制第一段轴

单击"常用"功能区选项卡"绘图"功能区面板中的按钮 □，然后在"1."下拉列表框中选择"轴"。在正交

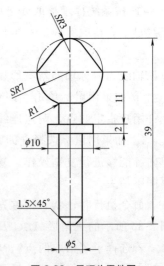

图 2-86 吊环头零件图

状态下,按提示要求,移动鼠标或用键盘输入一个插入点,在"2."文本框中指定起始直径为"5",向右移动鼠标,然后用键盘输入"19"作为轴的长度,绘制好图2-87所示的一段"φ5"轴。

2. 绘制第二段和第三段轴

① 在"2."文本框中输入"10"并向右拖动鼠标后输入"2",绘制第二段长度为"2"的"φ10"轴,如图2-88所示。

② 继续在"2."文本框中输入"5"并向右拖动鼠标后输入"11",绘制第三段轴。右击或者按Enter键退出"绘制轴"命令,绘制好的图形如图2-89所示。

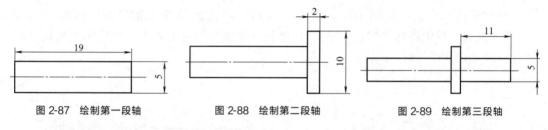

图2-87 绘制第一段轴　　图2-88 绘制第二段轴　　图2-89 绘制第三段轴

3. 绘制圆

在"常用"功能区选项卡中,单击"绘图"功能区面板中的"圆"按钮,在"1."下拉列表框中选择"圆心_半径",然后捕捉轴右端的中心点,输入"7",绘制好图2-90所示的圆,最后右击退出"绘制圆"命令。

4. 裁剪多余线条

在"常用"功能区选项卡中,单击"修改"功能区面板上的"裁剪"按钮,单击多余线,在"1."下拉列表框中选择"快速裁剪",然后拾取不需要的线段,裁剪后的图形如图2-91所示。

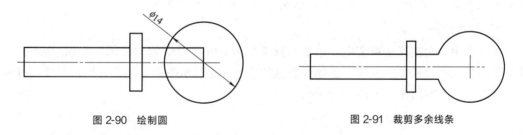

图2-90 绘制圆　　图2-91 裁剪多余线条

5. 删除多余线条

单击"修改"功能区面板上的"删除"按钮,删除多余线,拾取轴右端的直线,右击确认删除,删除后的图形如图2-92所示。

6. 绘制圆的中心线

单击"常用"功能区选项卡"绘图"功能区面板中的"中心线"按钮。拾取R7mm的圆,右击绘制好R7mm圆的中心线,如图2-93所示。

7. 绘制辅助直线

单击"常用"功能区选项卡"绘图"功能区面板中的"平行线"按钮。选择偏移方式后,立即菜单选择"单向",用鼠标拾取圆的竖直中心线,向右移动鼠标,输入一个

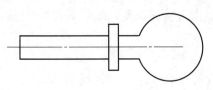
图 2-92 删除直线后的图形

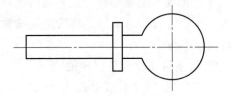
图 2-93 绘制 R7mm 圆的中心线

距离数值"4",完成辅助线的绘制,如图 2-94 所示,右击退出直线命令。

8. 绘制圆

在"常用"功能区选项卡中,单击"绘图"功能区面板上的"圆"按钮 ⊙,在"1."下拉列表框中选择"圆心_半径",然后捕捉轴右端的中心点,然后输入半径"3",绘制好的图形如图 2-95 所示。

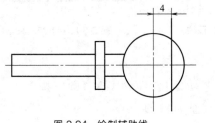
图 2-94 绘制辅助线

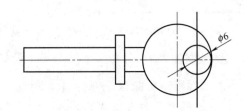
图 2-95 绘制半径为 3mm 的圆

9. 绘制切线

单击"常用"功能区选项卡"绘图"功能区面板中的按钮 ╱。在"1."下拉列表框中选择"两点线",单击"3."选择"非正交",然后捕捉 R7mm 的圆弧与中心线的交点、R7mm 的圆弧与 R3mm 的圆的切点,绘制切线,如图 2-96 所示。

10. 镜像切线

在"常用"功能区选项卡中,单击"修改"功能区面板中的"镜像"按钮 ⚠,在立即菜单中,选择"拷贝"方式,选择要镜像的切线,选择水平中心线作为镜像轴线,完成镜像操作。绘制好的图形如图 2-97 所示。

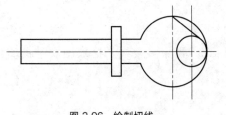
图 2-96 绘制切线

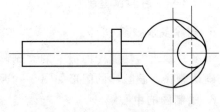
图 2-97 镜像切线

11. 裁剪圆

在"常用"功能区选项卡中,单击"修改"功能区面板中的"裁剪"按钮 ⤬,单击裁剪多余线。绘制的图形如图 2-98 所示。

12. 删除辅助直线

单击"修改"功能区面板中的"删除"按钮，删除多余辅助线，如图 2-99 所示。

13. 绘制直线

单击"常用"功能区选项卡"绘图"功能区面板中的按钮，在"1."下拉列表框中选择"两点线"，连续捕捉 R7mm 圆弧与 φ5mm 轴的交点，完成图 2-100 所示直线的绘制。

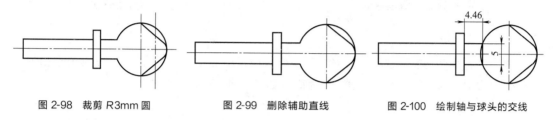

图 2-98　裁剪 R3mm 圆　　　　图 2-99　删除辅助直线　　　　图 2-100　绘制轴与球头的交线

14. 打断圆弧

单击"常用"功能区选项卡"修改"功能区面板中的按钮。拾取 R7mm 的圆弧，拾取切线与 R7mm 的交点，从而在交点处将 R7mm 圆弧打断；重复前面的操作，将圆弧 R7mm 从另一交点处打断。

15. 改变圆弧线型

拾取对象后，单击"常用"功能区选项卡，"特性"功能区面板中的按钮，在线型列表中选择"中心线"，单击线宽列表中的按钮，选择右侧的"细实线"。完成图 2-101 所示的圆弧线型的改变。

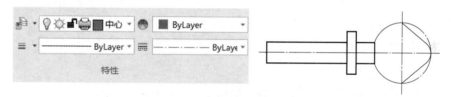

图 2-101　改变圆弧线型

16. 绘制外倒角

① 在"常用"功能区选项卡中，单击"修改"功能区面板上的"倒角"按钮，在立即菜单中将"3. 长度"修改为"1.5"，将"4. 角度"修改为"45°"，然后单击拾取相邻两条直线，完成倒角过渡。然后用直线功能绘制直线，完成外倒角的绘制，如图 2-102 所示。

② 单击"常用"功能区选项卡"过渡"功能区面板中的"过渡功能"按钮。在"2."文本框中输入圆角半径值"1"，连续拾取 R7mm 圆弧与 φ5mm 轴直线两次，完成两处 R1mm 圆角的绘制，如图 2-103 所示。

17. 拉伸直线

从图 2-103 中可以看出，R7mm 圆弧与 φ5mm 轴的交线需要延伸。单击"常用"功能区选项卡"修改"功能区面板中的按钮，单击拾取 R1mm 圆弧，单击竖直线，延伸竖直线两端，如图 2-104 所示。

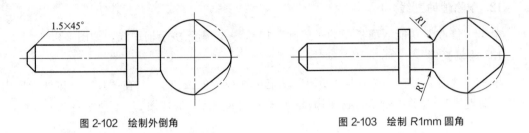

图 2-102　绘制外倒角　　　　　　　图 2-103　绘制 R1mm 圆角

18. 旋转图形

单击"常用"功能区选项卡"修改"功能区面板中的按钮 ⊙。用鼠标左键框选拾取所有的图形元素，选取图 2-105 所示的点为旋转基点，输入旋转角度"90°"，完成图形的旋转。

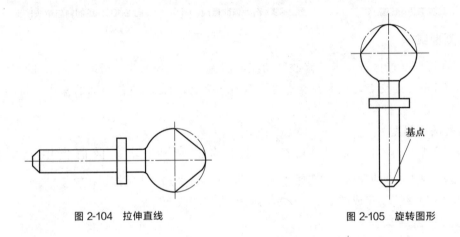

图 2-104　拉伸直线　　　　　　　图 2-105　旋转图形

四、知识拓展

1. 打断

将一条指定曲线在指定点处打断成两条曲线，以便于其他操作。

单击"常用"功能区选项卡"修改"功能区面板中的按钮 ⌐⌐。执行打断命令后将立即菜单第一项切换为"一点打断"，即使用一点打断模式。此时，按提示要求用鼠标拾取一条待打断的曲线。拾取后，该曲线变成虚线显示。这时，命令行提示变为"选取打断点"。根据当前作图需要，移动鼠标在曲线上选取打断点，选中后单击鼠标左键，曲线即被打断。打断点也可由键盘输入。曲线被打断后，在屏幕上所显示的与打断前并没有什么两样。但实际上，原来的一条曲线已经变成了两条互不相干的独立的曲线。

执行打断命令后将立即菜单第一项切换为"两点打断"，即使用两点打断模式。

无论使用哪种打断点拾取模式，拾取两个打断点后，被打断曲线会从两个打断点处被打断，同时两点间的曲线会被删除。

2. 拉伸

在保持曲线原有趋势不变的前提下，对曲线或曲线组进行拉伸或缩短处理。

单条曲线拉伸：在保持曲线原有趋势不变的前提下，对曲线进行拉伸或缩短处理。

曲线组拉伸：移动窗口内图形的指定部分，即将窗口内的图形一起拉伸。

单击"常用"功能区选项卡"修改"功能区面板中的按钮 →，启动该功能。

任务十一　阶梯轴尺寸标注

一、任务导入

数控车床主要加工回转类零件，此类零件具有轴向尺寸大于径向尺寸的特点，主要以端面为基准标注各段长度尺寸，以轴线为基准标注各段直径尺寸，还要根据轴的设计和使用要求标出其表面粗糙度、尺寸公差以及几何公差等。本任务主要是标注图 2-106 所示阶梯轴的尺寸。

二、任务分析

CAXA CAM 数控车 2023 软件可以随拾取的实体（图形元素）不同，自动按实体的类型进行尺寸标注，图 2-106 所示阶梯轴主要标注水平尺寸、竖直尺寸，竖直尺寸为圆柱的直径尺寸，此时它应按线性尺寸标注，只是在尺寸数值前应带前缀 ϕ（可用%c 输入）。

三、任务实施

① 单击"常用"功能区选项卡"标注"功能区面板中的按钮 ┠━┨，拾取两条直线，系统根据两直线的相对位置，标注两直线的距离，如图 2-107 所示。

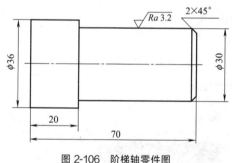

图 2-106　阶梯轴零件图

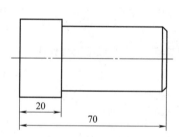

图 2-107　标注长度尺寸

② 单击"常用"功能区选项卡"标注"功能区面板中的按钮 ┠━┨，捕捉上下直线的端点，单击右键，弹出"尺寸标注属性设置"对话框，如图 2-108 所示，输入前缀"%c"，单击"确定（O）"按钮退出对话框。标注结果如图 2-109 所示。

③ 单击"常用"功能区选项卡"标注"功能区面板中的按钮 ┠━┨，在"符号"功能区面板中单击按钮 ∨，弹出倒角标注立即菜单，如图 2-110 所示。拾取一段倒角后，系统即沿该线段引出标注线，标注出倒角尺寸。标注结果如图 2-111 所示。

④ 单击"常用"功能区选项卡"标注"功能区面板中的按钮 ┠━┨，在"符号"功能区面板中单击按钮 √，弹出相应的立即菜单，选择标准标注，弹出"表面粗糙度"对话框，如图 2-112 所示。输入"Ra3.2"，单击"确定"退出"表面粗糙度"对话框。拾取直线，拖动确定标注位置，即标注出与直线相垂直的粗糙度。标注结果如图 2-113 所示。

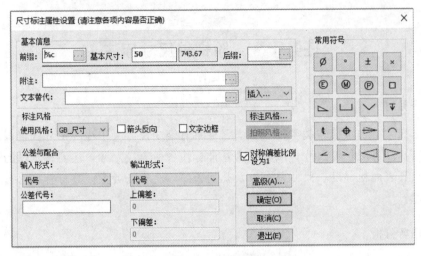

图 2-108 "尺寸标注属性设置"对话框

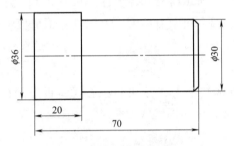

图 2-109 标注直径尺寸

1.默认样式　2.轴线方向为x轴方向　3.水平标注　4.1×45°　5.基本尺寸

图 2-110 倒角标注立即菜单

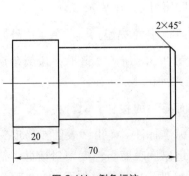

图 2-111 倒角标注

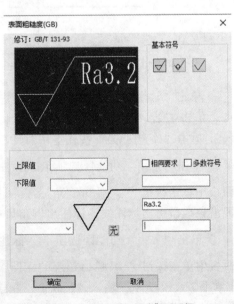

图 2-112 "表面粗糙度"对话框

四、知识拓展

一张完整的工程图，除了图形外工程标注也是其重要的组成部分。工程标注占据绘图工作相当多的时间，如果标注不清晰或不合理还会影响对图纸的理解。CAXA CAM 数控车 2023 软件依据相关制图标准提供了丰富而智能的标注功能，并可以方便地对标注进行编辑修改。

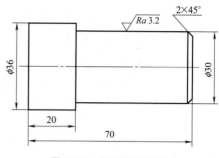

图 2-113　表面粗糙度标注

1. 尺寸标注风格

尺寸标注风格是指对标注的尺寸线、尺寸线箭头、尺寸值等样式的综合设置，画图时应根据图形的性质设置不同的标注风格。尺寸标注风格通常可以控制尺寸标注的箭头样式、文本位置、尺寸公差、对齐方式等。

单击"常用"功能区选项卡"标注"功能区面板中的按钮 ，在"标注"功能区面板中单击图标 ，启动"样式管理"命令，系统打开图 2-114 所示的"样式管理"对话框。选择尺寸风格，图中显示的为系统默认设置，用户可以重新设定和编辑标注风格。

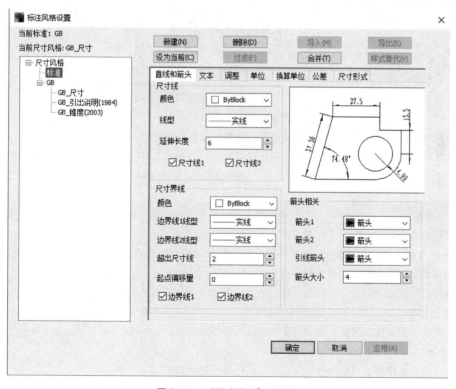

图 2-114　"样式管理"对话框

2. 特殊符号输入

为方便常用符号和特殊格式的输入，CAXA CAM 数控车 2023 软件规定了一些特殊符号的表示方法，这些方法均以％作为开始标志，之后是一个小写字母。这些符号是统一的整体，不能分割开，比如"％c30"不能写成"％ c30"。这些转义符号可以在各种编辑框中使用，记住这些转义符号，可以提高标注时的效率。常用的转义符号有：

%c：用于表示直径，显示为"ϕ"。

%d：用于表示角度，显示为"°"。

%p：用于表示对称公差，显示为"±"。

%x：用于表示倒角，显示为"×"。

%%：用于表示百分号，显示为"%"。

项目小结

通过本项目主要学习CAXA CAM数控车2023软件的基本操作和常用工具、常见曲线的绘制和编辑方法。在平面造型设计中，绘制和编辑曲线是最常用的功能，点、线的绘制是平面设计造型的基础，所以该部分内容应该熟练掌握。在使用曲线编辑功能时，要注意利用空格键进行工具点的选取和使用，利用好这些功能键可以大大地提高绘图效率。学习中应注意总结操作经验，树立作图的基本思维方法，尽量简化作图过程，不断提高图形分析、曲线绘制和编辑能力。

思考与练习

一、填空题

1. 曲线裁剪共有（   ）、（   ）和（   ）三种方式。

2. 圆弧是图形构成的基本要素，CAXA CAM 数控车 2023 软件提供了（   ）、（   ）、（   ）、（   ）、（   ）、（   ）、（   ）七种圆弧的绘制方法。

3. 打开对象捕捉模式后，可以选择捕捉光标靶框内的特征点和（   ）两种方式。

4. 在交互过程中，常常会遇到输入精确定位点的情况。系统提供了工具点菜单，可以利用（   ）菜单精确定位一个点。在进行点的捕捉操作时，可通过按（   ）键，弹出（   ）菜单来改变拾取的类型。

二、选择题

1. 曲线裁剪共有（   ）三种方式。
   A. 快速裁剪、拾取边界裁剪和批量裁剪　　B. 快速裁剪、线裁剪、点裁剪和投影裁剪
   C. 快速裁剪、线裁剪、投影裁剪和修剪

2. 圆弧的相切方式与（   ）的位置相关。
   A. 鼠标右键　　　　　　B. 鼠标左键　　　　　　C. 所选切点

3. 能自动捕捉直线、圆弧、圆及样条线中点的快捷键为（   ）。
   A. M 键　　　　　　　　B. E 键　　　　　　　　C. S 键

4. 快速裁剪是将拾取到的曲线沿（   ）的边界处进行裁剪。
   A. 最近　　　　　　　　B. 附近　　　　　　　　C. 端点

5. 可以画任意方向直线的是（   ）方式。
   A. 正交　　　　　　　　B. 非正交　　　　　　　C. 长度

6. "G02X10.000Y40.000R20.000"表示（   ）。
   A. 刀具以半径为 R20mm 圆弧的方式，按顺时针方向从当前点到达目的点（10，40）
   B. 刀具以半径为 R20mm 圆弧的方式，按逆时针方向从当前点到达目的点（10，40）

三、简答题

1. CAXA CAM 数控车 2023 软件提供了几种绘制直线的方法？分别是什么？
2. CAXA CAM 数控车 2023 软件系统的简化作图功能有哪些？
3. 什么是工具菜单和立即菜单？怎样激活？
4. 如果 CAXA CAM 数控车 2023 软件界面上没有"绘图工具"工具条，则采用哪些方法可以使"绘图工具"工具条出现？

四、作图题

1. 按图 2-115 给出的尺寸绘制手柄的二维平面图形。

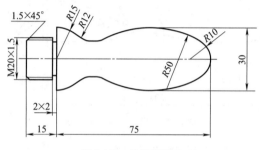

图 2-115　手柄平面图

2. 按图 2-116 给出的尺寸绘制划线板的二维平面图形。
3. 绘制图 2-117 所示轴类零件平面图。

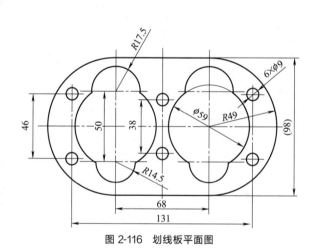

图 2-116　划线板平面图

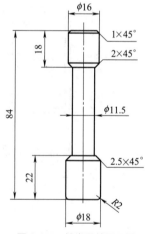

图 2-117　轴类零件平面图

4. 绘制图 2-118 所示柱销零件平面图。

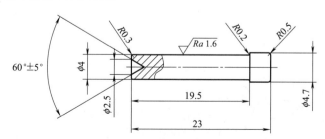

图 2-118　柱销零件平面图

5. 绘制图 2-119 所示机器鱼零件平面图。

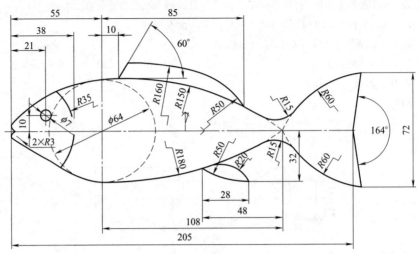

图 2-119 机器鱼零件平面图

6. 绘制图 2-120 所示零件的外圆轮廓线和毛坯轮廓线。

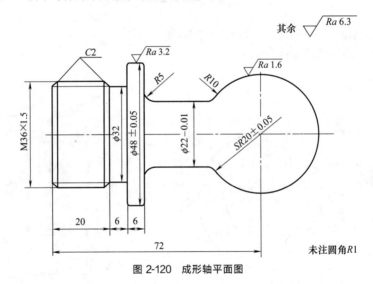

图 2-120 成形轴平面图

项目三

CAXA CAM数控车 2023软件零件编程与仿真加工

自动编程就是利用计算机专用软件编制数控加工程序的过程。CAXA CAM 数控车 2023 软件是我国自主研发的一款集计算机辅助设计（CAD）和计算机辅助制造（CAM）于一体的数控车床专用软件，具有零件二维轮廓建模、刀具路径仿真模拟、切削验证加工和后置代码生成等功能。在该软件的支持下，我们可以较好地解决曲面零件的计算机辅助设计与制造问题。本项目主要学习利用 CAXA CAM 数控车 2023 软件对轴类零件进行编程与仿真加工的方法。

* 育人目标 *

- 通过对轴类零件进行编程与仿真加工，教育引导学生培育和践行社会主义核心价值观，踏踏实实修好品德，成为有大爱大德大情怀的人。
- 培养学生的科学思维，建立正确的科学观和唯物主义世界观。
- 教育引导学生珍惜学习时光，心无旁骛求知问学，增长见识，丰富学识，沿着求真理、悟道理、明事理的方向发展。

* 技能目标 *

- 掌握 CAXA CAM 数控车 2023 软件粗加工方法。
- 掌握 CAXA CAM 数控车 2023 软件精加工方法。
- 掌握 CAXA CAM 数控车 2023 软件螺纹编程与加工方法。
- 掌握 CAXA CAM 数控车 2023 软件成形面编程与加工方法。
- 掌握 CAXA CAM 数控车 2023 软件圆柱内轮廓面编程与加工方法。

任务一　阶梯轴零件车削粗加工

一、任务导入

CAXA CAM 数控车 2023 软件是一种功能强大、易学易用的全中文二维复杂型面加工的 CAD/CAM 软件，通过二维图形的绘制可以实现复杂零件的编程及加工。本任务是利用直径为 φ85mm 的棒料加工图 3-1 所示的简单阶梯轴零件，用粗车加工方式加工零件的右部分。

二、任务分析

该零件为简单的阶梯轴零件，经过分析，先建立工件坐标系，设 A 点为下刀点，加工区域如图 3-2 所示。这次任务用到外轮廓粗车功能，做外轮廓粗车时要确定被加工轮廓和创建毛坯，被加工轮廓就是加工结束后的工件表面轮廓，加工前必须创建圆柱体毛坯。

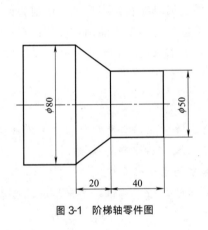

图 3-1　阶梯轴零件图

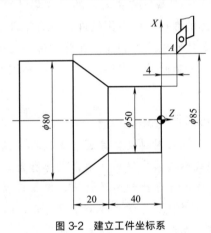

图 3-2　建立工件坐标系

三、任务实施

① 建立工件坐标系。世界坐标系就是所生成的刀路要按照这个坐标系来生成 G 代码，也可以理解为编程坐标系，这个坐标系要与工件坐标系重合，而且必须要重合。

数控车床的坐标系一般为一个二维的坐标系：XZ。其中"Z"为水平轴，并将工作坐标系建立在工件的右端面中心位置，所以画图时应该从右端向左绘制。如图 3-2 所示。

② 创建毛坯。生成粗加工轨迹时，只需绘制要加工部分的外轮廓，其余线条可以不必画出。在"数控车"功能区选项卡中，点击创建毛坯图标 ▦。弹出对话框，输入高度 85，半径 42.5，单击"确定"退出对话框，完成圆柱体毛坯创建，如图 3-3 所示。

③ 在"数控车"功能区选项卡中，单击"二轴加工"面板中的"车削粗加工"图标按钮 ▦，弹出"车削粗加工"对话框，如图 3-4 所示，该功能用于实现对工件外轮廓表面、内轮廓表面和端面的粗车加工，用来快速清除毛坯的多余部分。

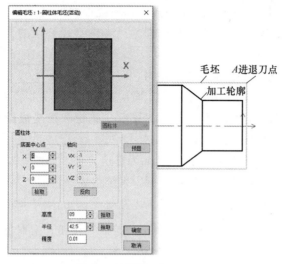

图 3-3 阶梯轴零件毛坯创建

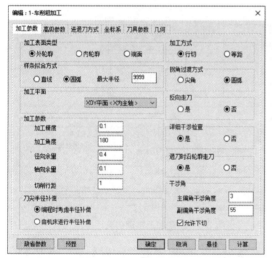 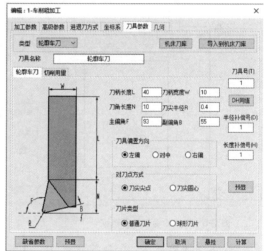

图 3-4 "车削粗加工"对话框

加工参数设置：加工表面类型选择"外轮廓"，加工方式选择"行切"，加工角度设为"180°"，切削行距设为"1"，主偏角干涉角度设为"3"，副偏角干涉角度设为"55"，"刀尖半径补偿"选择"编程时考虑刀具半径补偿"。

刀具参数设置：刀尖半径设为"0.3"，主偏角"93"，副偏角"55"，刀具偏置方向为"左偏"，对刀点为"刀尖尖点"，刀片类型为"普通刀片"，刀尖圆弧半径 0.4。切削用量设置：进刀量"0.2mm/r"，主轴转速"800r/min"。

设置时应注意：主偏角干涉角度应小于等于主偏角-90°，副偏角干涉角度应小于等于副偏角度，副偏角干涉角度是做底切干涉检查时，确定干涉检查的角度，当勾选允许下切选项时可用。

刀尖圆弧半径：粗车取 0.4~1mm，精车取 0.2~0.4mm。

行切方式相当于 G71 指令，等距方式相当于 G73 指令，自动编程时常用行切方式，等距方式容易造成切削深度不同，对刀具不利。

编程时考虑半径补偿：在生成加工轨迹时，系统根据当前所用刀具的刀尖半径进行补偿计算（按假想刀尖点编程）。所生成代码即为已考虑半径补偿的代码，无须机床再进行刀尖半径补偿。

由机床进行半径补偿：在生成加工轨迹时，假设刀尖半径为0，按轮廓编程，不进行刀尖半径补偿计算。所生成代码在用于实际加工时应根据实际刀尖半径由机床指定补偿值。

④ 拾取被加工轮廓。当拾取第一条轮廓线后，此轮廓线变成红色的虚线，系统给出提示：选择方向，拾取加工轮廓曲线。

⑤ 加工轮廓拾取完，按提示指定一点 A 为进退刀点，如图 3-3 中的 A 点。

⑥ 生成刀具轨迹。当确定进退刀点之后，系统生成绿色的刀具轨迹，如图 3-5 所示。

⑦ 在"数控车"功能区选项卡中，单击"仿真"面板中的"线框仿真"按钮⊗，弹出"线框仿真"对话框，如图 3-6 所示。单击"拾取"按钮，拾取加工轨迹，单击右键结束加工轨迹拾取，单击"前进"按钮，开始仿真加工过程。

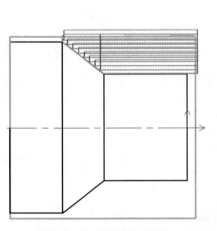

图 3-5 生成的粗车加工轨迹

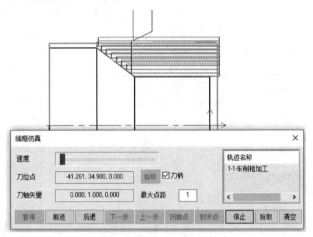

图 3-6 粗车加工轨迹仿真

⑧ 在"数控车"功能区选项卡中，单击"后置处理"面板中的"后置处理"按钮G，弹出"后置处理"对话框，如图 3-7 所示。控制系统文件选择"Fanuc"，设备配置文件选择"车加工中心_2X_XZ"，单击"拾取"按钮，拾取加工轨迹，然后单击"后置"按钮，弹出"编辑代码"对话框，如图 3-8 所示，生成阶梯轴零件外轮廓粗加工程序，在此也可以编辑、修改和保存此加工程序。

图 3-7 后置处理设置

图 3-8 生成加工程序

四、知识拓展

1. CAXA CAM 数控车 2023 软件实现加工的过程

（1）数控加工概述

数控加工就是将加工数据和工艺参数输入机床，而机床的控制系统对输入信息进行运算与控制，并不断地向直接指挥机床运动的机电功能转换部件——机床的伺服机构发送脉冲信号，伺服机构对脉冲信号进行转换与放大处理，然后由传动机构驱动机床，从而加工零件。所以，数控加工的关键是加工数据和工艺参数的获取，即数控编程。

数控加工一般包括以下几个方面的内容。

① 对图样进行分析，确定需要数控加工的部分。

② 利用图形软件对需要数控加工的部分进行造型，创建毛坯。

③ 根据加工条件，选择合适的加工参数生成加工轨迹（包括粗加工、半精加工、精加工轨迹）。

④ 轨迹的仿真检验。

⑤ 程序传给机床加工。

（2）数控加工的主要优点

① 零件一致性好，质量稳定。因为数控机床的定位精度和重复定位精度都很高，很容易保证尺寸的一致性，而且大大减少了人为因素的影响。

② 可加工任何复杂的产品，且精度不受复杂度的影响。

③ 可降低工人的体力劳动强度，从而可提高工人体质，将节省出时间从事创造性的工作。

（3）CAXA CAM 数控车 2023 软件实现加工的过程

① 根据零件图进行几何建模，即用曲线表达工件。

② 根据使用机床的数控系统设置好机床参数，这是正确输出代码的关键。

③ 根据工件形状选择加工方式，合理选择刀具及设置刀具参数，确定切削用量参数。

④ 根据工件形状，选择合适的加工方式，生成刀路轨迹。

⑤ 生成程序代码，经后置处理后传送给数控车床。

2. CAXA CAM 数控车 2023 软件的坐标系

（1）卧式数控车床默认坐标系

数控车床的坐标系一般为一个二维的坐标系：XZ。其中"Z"为水平轴。而一般 CAD/CAM 系统的常用二维坐标系为 XY。为便于与 CAD 系统操作统一，又符合数控车床实际情况，CAXA CAM 数控车 2023 软件在系统坐标系上作了些处理。

软件绘图坐标系与机床坐标系的关系：在软件坐标系中 X 轴正方向代表机床的 Z 轴正方向，Y 轴正方向代表机床的 X 轴正方向。本软件用加工角度将软件的 XY 向转换成机床的 ZX 向，如切外轮廓，刀具由右到左运动，与机床的 Z 轴正向成 $180°$，加工角度取 $180°$。切端面，刀具从上到下运动，与机床的 Z 轴正向成 $-90°$ 或 $270°$，加工角度取 $-90°$ 或 $270°$。

首先，在 CAXA CAM 数控车 2023 软件系统中，图形坐标的输入仍然按照一般 CAD 系统的方式输入，使用 XY 坐标系。在轨迹生成代码时自动将 X 坐标转换为 Z 坐标，将

Y 坐标转换为 X 坐标。所以在 CAXA CAM 数控车 2023 软件的界面中显示的坐标系如图 3-9 所示，方括号中的坐标为输出代码时的坐标，方括号外的坐标为系统图形绘制时使用的坐标。

（2）立式数控车床默认坐标系

对于某些立式数控车床，需要使用的默认坐标系与卧式数控车床的坐标系不同。为适应此类数控车床的需求，CAXA CAM 数控车 2023 软件系统提供了功能键"F5""F6"。按 F5 键为普通数控车床使用的默认坐标系，按 F6 键为立式数控车床使用的默认坐标系（见图 3-10），方括号中的坐标为输出机床代码的坐标，方括号外的坐标为图形绘制时使用的坐标。

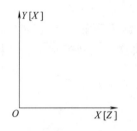 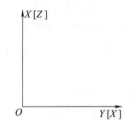

图 3-9　卧式数控车床默认坐标系　　　　图 3-10　立式数控车默认坐标系

3. CAXA CAM 数控车 2023 软件轮廓

① 两轴加工：在 CAXA CAM 数控车 2023 软件加工过程中，机床坐标系的 Z 轴即是绝对坐标系的 X 轴。平面图形均指投影到绝对坐标系的 XOY 面的图形。

② 轮廓：轮廓是一系列首尾相接曲线的集合，如图 3-11 所示。

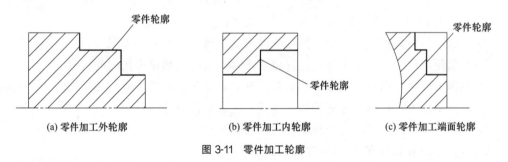

图 3-11　零件加工轮廓

在进行数控编程及交互指定待加工图形时，常常需要用户指定加工的轮廓，将该轮廓用来界定被加工的表面。加工轮廓曲线不能有重线或者断点，可以通过删除重线功能来删除重叠的线，可以通过填充剖面线的方法检查有无断点。

③ 创建毛坯：针对粗车，需要制定被加工件的毛坯。数控车的毛坯有五种：圆柱体形毛坯、圆柱环形毛坯、圆锥体形毛坯、旋转体形毛坯和内腔旋转体形毛坯。可以创建毛坯对加工进行实体仿真。限定完毛坯的参数后如果没有及时预显，可以通过点击右侧预显按钮来进行毛坯预显，如图 3-12 所示。加工轮廓不能大于毛坯轮廓，否则不能造成加工轨迹。

④ 机床参数：数控车床的速度参数包括主轴转速、接近速度、进给速度和退刀速度。主轴转速是切削时机床主轴转动的角速度；接近速度为从进刀点到切入工件前刀具行进的线速度，又称进刀速度；进给速度是正常切削时刀具行进的线速度；退刀速度为刀具离开

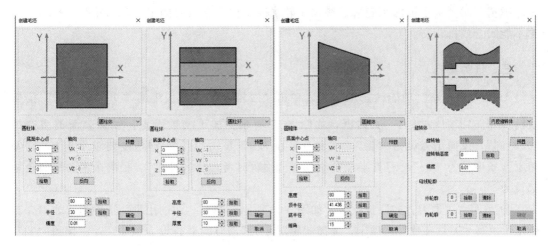

图 3-12 创建毛坯

工件回到退刀位置时刀具行进的线速度。

这些速度参数的给定一般依赖于用户的经验。原则上讲，它们与机床本身、工件的材料、刀具材料、工件的加工精度和表面粗糙度要求等相关。

⑤ 刀具轨迹：刀具轨迹是系统按给定工艺要求生成的对给定加工图形进行切削时刀具行进的路线。刀具轨迹由一系列有序的刀位点和连接这些刀位点的直线（直线插补）或圆弧（圆弧插补）组成。

任务二　门轴零件轮廓车削精加工

一、任务导入

编写图 3-13 所示的门轴零件轮廓精加工程序。该零件的工件坐标系原点设在图中 O 点，换刀点在 $X100$、$Z100$ 处，采用粗加工轮廓车刀 1 把。

二、任务分析

该门轴零件为阶梯轴零件，经过分析，先在右端建立工件坐标系，设 A 点为下刀点，如图 3-14 所示。轮廓精车功能实现对工件外轮廓表面、内轮廓表面和端面的精车加工。

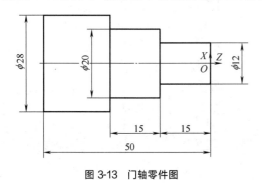

图 3-13 门轴零件图　　　　　　图 3-14 建立工件坐标系

做轮廓精车时要确定被加工轮廓。被加工轮廓就是粗车结束后的工件表面轮廓，被加工轮廓不能闭合或自相交。

三、任务实施

① 在"数控车"功能区选项卡中，单击"二轴加工"面板中的"车削精加工"按钮 ，弹出"车削精加工"对话框，如图 3-15 所示。加工参数设置：加工表面类型选择"外轮廓"，反向走刀设为"否"，切削行数设为"1"，主偏角干涉角度要求小于 3，副偏角干涉角度设为"55"，刀具半径补偿选择"编程时考虑半径补偿"。径向余量和轴向余量都设为"0"。

② 填写"进退刀方式"选项卡，如图 3-16 所示；填写"切削用量"选项卡，如图 3-17 所示；填写"刀具参数"选项卡，选择"轮廓车刀"，刀尖半径设为"0.2"，主偏角"93"，副偏角"55"，对刀点方式为"刀尖圆心"，刀片类型为"普通刀片"，如图 3-18 所示。

图 3-15　"加工参数"设置

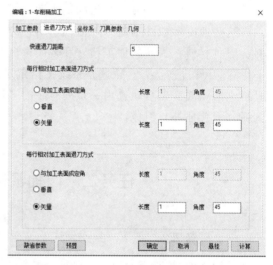

图 3-16　"进退刀方式"设置

图 3-17　"切削用量"设置

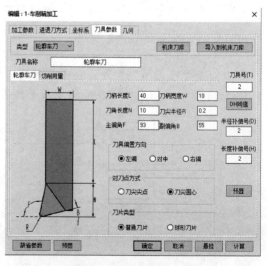

图 3-18　"刀具参数"设置

③ 单击"确定"按钮退出车削精加工对话框,采用"单个拾取"方式拾取被加工轮廓,单击右键,拾取进退刀点 A,结果生成门轴零件精加工轨迹,如图 3-19 所示。

④ 在"数控车"功能区选项卡中,单击"后置处理"面板中的"后置处理"按钮 G ,弹出"后置处理"对话框。在该对话框中,控制系统文件选择"Fanuc",机床配置文件选择"车加工中心_2X_XZ",单击"拾取"按钮,拾取加工轨迹,然后单击"后置"按钮,弹出"编辑代码"对话框,如图 3-20 所示,生成零件外轮廓精加工程序。

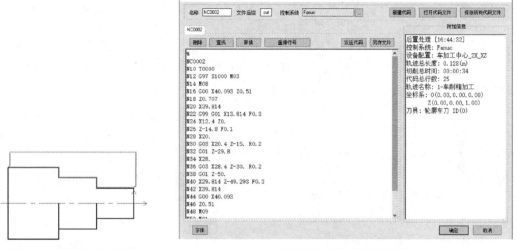

图 3-19 外轮廓精加工轨迹　　　　图 3-20 外轮廓精加工程序

四、知识拓展

1. 创建刀具

该功能定义、确定刀具的有关数据,以便于用户从刀具库中获取刀具信息和对刀具库进行维护。创建刀具功能可以创建轮廓车刀、切槽车刀、钻头、螺纹车刀等多种刀具类型。

在"数控车"功能区选项卡中,单击"新建"面板中的"创建刀具"按钮 ,弹出"创建刀具"对话框,如图 3-21 所示。设置刀具的相关参数,单击"确定"按钮退出"创建刀具"对话框,新建一把轮廓车刀。同理可以继续创建切槽车刀、钻头、螺纹车刀。在绘图区左侧的管理树中就会出现新建的刀具,双击刀库节点下的刀具节点,可以弹出"编辑刀具"对话框,来改变刀具参数。

（1）轮廓车刀

轮廓车刀主要用来加工零件的内外

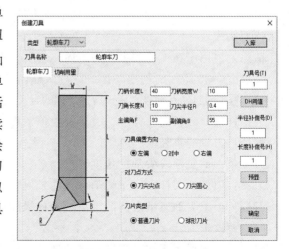

图 3-21 "创建刀具"对话框

轮廓面。在"创建刀具"对话框中选择"轮廓车刀"类型，各选项含义如下。

刀具号：刀具的系列号，用于后置处理的自动换刀指令。刀具号唯一，并对应机床的刀库。

半径补偿号和长度补偿号：刀具补偿值的序列号，其值对应于机床的数据库。

刀柄长度：刀具可夹持段的长度。

刀柄宽度：刀具可夹持段的宽度。

刀角长度：刀具可切削段的长度。

刀尖半径：刀尖部分用于切削的圆弧的半径。

主偏角：刀具前刃与工件旋转轴的夹角。

副偏角：刀具后刃与工件旋转轴的夹角。

（2）切槽车刀

切槽车刀主要用于在零件的内外表面进行切槽加工。在"创建刀具"对话框中选择"切槽车刀"类型，显示图 3-22 所示创建"切槽车刀"对话框，各选项含义如下。

刀具号：刀具的系列号，用于后置处理的自动换刀指令。刀具号唯一，并对应机床的刀库。

半径补偿号和长度补偿号：刀具补偿值的序列号，其值对应于机床的数据库。

刀具长度：刀具可切削段的长度。

刀具宽度：刀具可切削段的宽度。

刀刃宽度：刀具刀刃的宽度。

刀尖半径：刀尖部分用于切削的圆弧的半径。

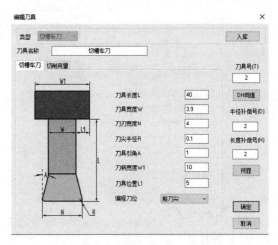

图 3-22 "切槽车刀"参数设置

"编程刀位"：单击"编程刀位"下拉菜单，显示选择项，用户可根据加工的需要选择其中的选择项。这里需要注意的是，在软件里选择的编程刀位一定要和实际加工过程中实际对刀所选择的刀尖位置相一致。如在软件中选择"前刀尖"，实际对刀时，切槽车刀的前刀尖即为对刀基准点。

（3）钻头

钻头主要用于在工件的纵向（Z 向）打孔。在"创建刀具"对话框中选择"钻头"类型，显示图 3-23 所示的创建"钻头"对话框，各选项含义如下。

刀具号：刀具的系列号，用于后置处理的自动换刀指令。刀具号唯一，并对应机床的刀库。

半径补偿号和长度补偿号：刀具补偿值的序列号，其值对应于机床的数据库。

直径：刀具的直径。

刀尖角：钻头前段尖部的角度。

刃长：刀具的刀杆可用于切削部分的长度。

刀杆长：刀尖到刀柄之间的距离。刀杆长度应大于刀刃有效长度。

（4）螺纹车刀

螺纹车刀主要用于加工零件的内外螺纹。在"创建刀具"对话框中选择"螺纹车刀"类型，显示图 3-24 所示的创建"螺纹车刀"对话框，各选项含义如下。

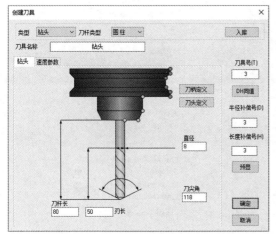
图 3-23 "钻头"参数设置

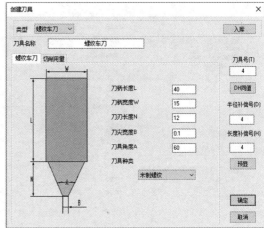
图 3-24 "螺纹车刀"参数设置

刀具号：刀具的系列号，用于后置处理的自动换刀指令。刀具号唯一，并对应机床的刀库。

半径补偿号和长度补偿号：刀具补偿值的序列号，其值对应于机床的数据库。

刀柄长度：刀具可夹持段的长度。

刀柄宽度：刀具可夹持段的宽度。

刀刃长度：刀具切削刃顶部的宽度。

刀尖宽度：螺纹齿底宽度。

刀具角度：刀具切削段两侧边与垂直于切削方向的夹角。该角度决定了车削出的螺纹的螺纹角。

2. 后置设置

后置设置就是针对不同的机床，不同的数控系统，设置特定的数控代码、数控程序格式及参数，并生成配置文件。生成数控程序时，系统根据该配置文件的定义生成用户所需要的特定代码格式的加工指令。

后置设置给用户提供了一种灵活方便的设置系统配置的方法。对不同的机床进行适当的配置，具有重要的实际意义。通过设置系统配置参数，后置处理所生成的数控程序可以直接输入数控机床或加工中心进行加工，而无须进行修改。如果已有的机床类型中没有所需的机床，可增加新的机床类型以满足使用需求，并可对新增的机床进行设置。

在"数控车"功能区选项卡中，单击"后置处理"面板中的"后置设置"按钮，弹出"后置设置"对话框，如图 3-25 所示。左侧的上下两个列表中分别列出了现有的控制系统文件与机床配置文件；在中间的各个标签页中可以对相关参数进行设置；右侧的测试栏中，可以选中轨迹，并单击"生成代码"按钮，可以在"代码"标签页中看到当前的后置设置下选中轨迹所生成的 G 代码，便于用户对照后置设置的效果。

通常情况下，可按自己的需要更改已有机床的后置设置，可以不选择输出行号，减少内存占用。如图 3-26 所示车削螺纹后置设置，可进行速度设置和螺纹 G 代码设置。

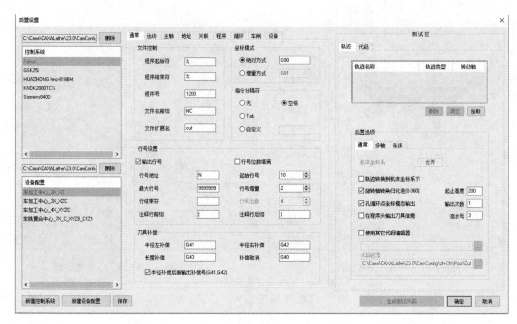

图 3-25 "后置设置"对话框

图 3-26 车削螺纹后置设置

任务三　圆柱零件切槽加工

一、任务导入

本任务是利用 CAXA CAM 数控车 2023 软件的切槽功能，加工图 3-27 所示零件的 $\phi 20\text{mm} \times 20\text{mm}$ 凹槽部分，生成刀具轨迹。

二、任务分析

该零件为带圆柱槽的轴零件，经过分析，先建立工件坐标系，设 A 点为下刀点，采用宽度为 4mm 的切槽车刀，如图 3-28 所示。切槽功能用于在工件外轮廓表面、内轮廓表面和端面切槽。切槽时要确定被加工轮廓。被加工轮廓就是加工结束后的工件表面轮廓。被加工轮廓不能闭合或自相交。

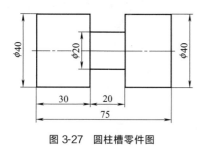

图 3-27 圆柱槽零件图

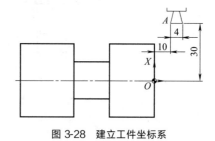

图 3-28 建立工件坐标系

三、任务实施

① 填写参数表。在"数控车"功能区选项卡中，单击"二轴加工"面板中的"车削槽加工"按钮，弹出"车削槽加工"对话框，根据被加工零件的工艺要求，确定切槽车刀参数，如图 3-29 所示"加工参数"选项卡、图 3-30 所示"切削用量"选项卡、图 3-31 所示"切槽车刀"选项卡。

图 3-29 "加工参数"设置

图 3-30 "切削用量"设置

切槽加工方向的选择，分为纵深和横向两种，纵深是顺着槽深方向加工，横向是垂直槽深方向加工。通常情况下以横向加工方向为主，可以获得较好的工艺效果，但对刀具侧刃磨损较大。

② 拾取轮廓。切槽加工拾取的轮廓线如图 3-32 所示。

③ 确定进退刀点，生成刀具轨迹。图 3-33 所示为切槽粗加工刀具轨迹，图 3-34 所示

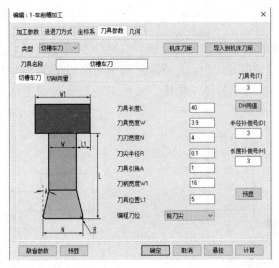

图 3-31 "刀具参数"设置

为切槽精加工拾取的轮廓线,图 3-35 所示为切槽精加工刀具轨迹。

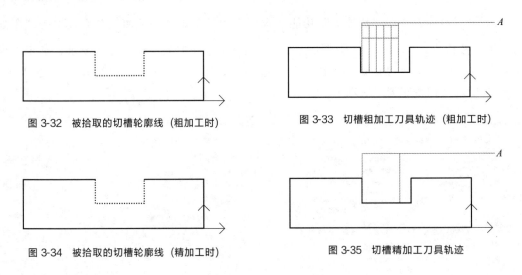

图 3-32 被拾取的切槽轮廓线(粗加工时)　　图 3-33 切槽粗加工刀具轨迹(粗加工时)

图 3-34 被拾取的切槽轮廓线(精加工时)　　图 3-35 切槽精加工刀具轨迹

四、知识拓展

CAXA CAM 数控车 2023 软件提供了多种数控车加工功能,如轮廓粗车、轮廓精车、切槽加工、螺纹加工、钻孔加工和机床设置等。"数控车"功能区选项卡如图 3-36 所示。

图 3-36 "数控车"功能区选项卡

1. 车削粗加工

车削粗加工功能用于实现对工件外轮廓表面、内轮廓表面和端面的粗车加工,用来快速清除毛坯的多余部分。

① 做轮廓粗车时要确定被加工轮廓和创建毛坯，被加工轮廓就是加工结束后的工件表面轮廓，毛坯轮廓就是加工前毛坯的表面轮廓，被加工轮廓不能大于毛坯轮廓。

② 加工表面类型。

外轮廓：采用外轮廓车刀加工外轮廓，此时缺省加工方向角度为180°。

内轮廓：采用内轮廓车刀加工内轮廓，此时缺省加工方向角度为180°。

车端面：此时缺省加工方向应垂直于系统 X 轴，即加工角度为 $-90°$ 或 270°。

③ 加工参数。

加工角度：刀具切削方向与机床 Z 轴（软件系统 X 轴正方向）正方向的夹角。

切削行距：行间切入深度，两相邻切削行之间的距离。

加工余量：加工结束后，被加工表面没有加工的部分的剩余量（与最终加工结果比较）。

加工精度：用户可按需要来控制加工的精度。对轮廓中的直线和圆弧，机床可以精确地加工；对由样条曲线组成的轮廓，系统将按给定的精度把样条转化成直线段来满足用户所需的加工精度。

④ 拐角过渡方式。

圆弧：在切削过程遇到拐角时刀具从轮廓的一边到另一边的过程中，以圆弧的方式过渡。

尖角：在切削过程遇到拐角时刀具从轮廓的一边到另一边的过程中，以尖角的方式过渡。

⑤ 样条拟合方式。

直线：对加工轮廓中的样条线根据给定的加工精度用直线段进行拟合。

圆弧：对加工轮廓中的样条线根据给定的加工精度用圆弧段进行拟合。

⑥ 反向走刀。

否：刀具按缺省方向走刀，即刀具从机床 Z 轴正向向 Z 轴负向移动。

是：刀具按与缺省方向相反的方向走刀。

⑦ 详细干涉检查。

否：假定刀具前后干涉角均为 0°，对凹槽部分不做加工，以保证切削轨迹无前角及底切干涉。

是：加工凹槽时，用定义的干涉角度检查加工中是否有刀具前角及底切干涉，并按定义的干涉角度生成无干涉的切削轨迹。

⑧ 退刀时沿轮廓走刀。

否：刀位行首末直接进退刀，不加工行与行之间的轮廓。

是：两刀位行之间如果有一段轮廓，在后一刀位行之前、之后增加对行间轮廓的加工。

⑨ 刀尖半径补偿。

编程时考虑半径补偿：在生成加工轨迹时，系统根据当前所用刀具的刀尖半径进行补偿计算（按假想刀尖点编程）。所生成代码即为已考虑半径补偿的代码，无须机床再进行刀尖半径补偿。

由机床进行半径补偿：在生成加工轨迹时，假设刀尖半径为 0，按轮廓编程，不进行刀尖半径补偿计算。所生成代码在用于实际加工时应根据实际刀尖半径由机床指定补偿值。

⑩ 干涉角。

主偏角干涉角度：做前角干涉检查时，确定干涉检查的角度。

副偏角干涉角度：做底切干涉检查时，确定干涉检查的角度。当勾选"允许下切"选项时可用。

2. 车削精加工

车削精加工功能实现对工件外轮廓表面、内轮廓表面和端面的精车加工。做轮廓精车时要确定被加工轮廓。被加工轮廓就是加工结束后的工件表面轮廓，被加工轮廓不能闭合或自相交。

3. 车削槽加工

车削槽加工功能用于在工件外轮廓表面、内轮廓表面和端面切槽。切槽时要确定被加工轮廓。被加工轮廓就是加工结束后的工件表面轮廓，被加工轮廓不能闭合或自相交。

① 加工轮廓类型。

外轮廓：外轮廓切槽，或用切槽车刀加工外轮廓。

内轮廓：内轮廓切槽，或用切槽车刀加工内轮廓。

端面：端面切槽，或用切槽车刀加工端面。

② 加工工艺类型。

粗加工：对槽只进行粗加工。

精加工：对槽只进行精加工。

粗加工＋精加工：对槽进行粗加工之后接着做精加工。

③ 拐角过渡方式。

圆角：在切削过程遇到拐角时刀具从轮廓的一边到另一边的过程中，以圆弧的方式过渡。

尖角：在切削过程遇到拐角时刀具从轮廓的一边到另一边的过程中，以尖角的方式过渡。

④ 粗加工参数。

延迟时间：粗车槽时，刀具在槽的底部停留的时间。

切深平移量：粗车槽时，刀具每一次纵向切槽的切入量（机床 X 向）。

水平平移量：粗车槽时，刀具切到指定的切深平移量后进行下一次切削前的水平平移量（机床 Z 向）。

退刀距离：粗车槽中进行下一行切削前退刀到槽外的距离。

加工余量：粗加工时，被加工表面未加工部分的预留量。

⑤ 精加工参数。

切削行距：精加工行与行之间的距离。

切削行数：精加工刀位轨迹的加工行数，不包括最后一行的重复次数。

退刀距离：精加工中切削完一行之后，进行下一行切削前退刀的距离。

加工余量：精加工时，被加工表面未加工部分的预留量。

末行加工次数：精车槽时，为提高加工的表面质量，最后一行常常在相同进给量的情况下进行多次车削，该处定义多次切削的次数。

任务四　套筒零件车削加工

一、任务导入

钻中心孔功能用于在工件的旋转中心钻中心孔。该功能提供了多种钻孔方式，包括高速啄式深孔钻、左攻螺纹、精镗孔、钻孔、镗孔和反镗孔等。

因为车削加工中的钻孔位置只能是工件的旋转中心，所以最终所有的加工轨迹都在工件的旋转轴上，也就是系统的 X 轴（机床的 Z 轴）上。

本任务是加工如图 3-37 所示的套筒零件。此零件图形比较简单，尺寸的公差较大，没有位置要求，孔的表面粗糙度为 3.2μm。

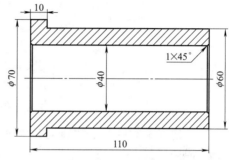

图 3-37　套筒零件图

二、任务分析

在车削时，利用三爪卡盘夹零件一端，先车 φ60mm 端面，钻 φ35mm 中心孔，再粗车 φ60mm 和 φ70mm 外轮廓，再粗车内孔 φ40mm，粗车部分留 0.5mm 余量给精加工，有倒角的地方系统会沿着绘制的轮廓自动完成，不必单独给出加工方法，然后精车 φ60mm 和 φ70mm 外轮廓及精车内孔 φ40mm，最后用切刀切断零件，保证总长 110mm。

三、任务实施

1. 绘制轮廓图形、创建毛坯

绘制轮廓图形，生成粗加工轨迹时，只需绘制要加工部分的外轮廓，其余线条可以不必画出。在"数控车"功能区选项卡中，点击创建毛坯图标 弹出对话框，选择圆柱环毛坯，输入高度 3，半径 37，厚度 19，单击"确定"退出对话框，完成圆柱环毛坯创建，如图 3-38 所示。加工轮廓曲线不能超出毛坯轮廓，否则不能生成加工轨迹线。

2. 切端面

① 先创建端面加工毛坯，然后在"数控车"功能区选项卡中，单击"二轴加工"面板中的"车削粗加工"按钮 ，弹出"车削粗加工"对话框，如图 3-39 所示。加工参数设置：加工表面类型选择"端面"，加工方式选择"行切"，加工角度设为"270"，切削行距设为"1"，主偏角干涉角度设为"3"，副偏角干涉角度设为"55"，刀尖半径补偿选择"编程时考虑半径补偿"。

选择"端面车刀"，刀尖半径设为"0.2"，主偏角"93"，副偏角"55"，刀具偏置方向为"左偏"，对刀点为"刀尖尖点"，刀片类型为"普通刀片"。

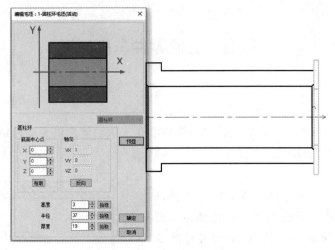

图 3-38 创建圆柱环毛坯

② 设定好参数后单击"确定"按钮。采用"单个拾取"方式拾取端面加工轮廓,如图 3-40 所示。

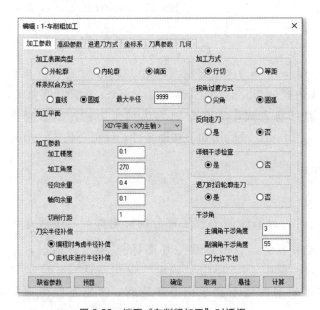

图 3-39 端面"车削粗加工"对话框

图 3-40 端面加工轮廓

③ 拾取完后确认,拾取进退刀点,在轮廓外选择一点,生成端面加工走刀轨迹,如图 3-41 所示。

④ 在"数控车"功能区选项卡中,单击"仿真"面板中的"线框仿真"按钮⊗,弹出"线框仿真"对话框,拾取加工轨迹,单击前进,进行仿真加工。如图 3-42 所示。

3. 钻孔

用直径为 $\phi 35mm$ 的钻头钻深度为 120mm 的孔。

4. 外轮廓车削粗加工

① 先创建圆柱环外轮廓毛坯,如图 3-43 所示。

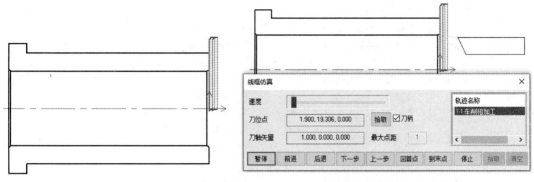

图 3-41 端面加工走刀轨迹　　　　图 3-42 端面加工线框仿真

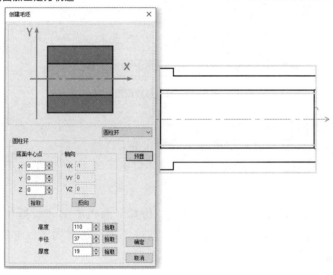

图 3-43 创建外轮廓毛坯

② 在"数控车"功能区选项卡中,单击"二轴加工"面板中的"车削粗加工"按钮 ，弹出"车削粗加工"对话框,如图 3-44 所示。加工参数设置:加工表面类型选择"外轮廓",加工方式选择"行切",加工角度设为"180",切削行距设为"1",主偏角干涉角度设为"15",副偏角干涉角度设为"8",刀尖半径补偿选择"编程时考虑半径补偿"。

快速进退刀距离设置为"2"。每行相对毛坯及加工表面的速进退刀方式设置为长度"1",夹角"45"。选择"轮廓车刀",刀尖半径设为"0.4",主偏角"75",副偏角"8",刀具偏置方向为"左偏",对刀点为"刀尖尖点",刀片类型为"普通刀片"。如图 3-45 所示。

图 3-44 外轮廓车削粗加工对话框

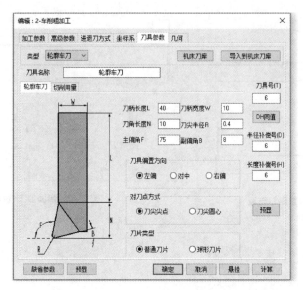

图 3-45 刀具参数设置

设置好参数后单击"确定"按钮。

③ 采用"限制链拾取"方式拾取加工表面轮廓．

④ 按鼠标右键确定，给定进退刀点 A。自动生成外轮廓粗车加工轨迹，如图 3-46 所示。

⑤ 在"数控车"功能区选项卡中，单击"仿真"面板中的"线框仿真"按钮⊗，弹出"线框仿真"对话框，拾取加工轨迹，单击前进，进行仿真加工。如图 3-47 所示。

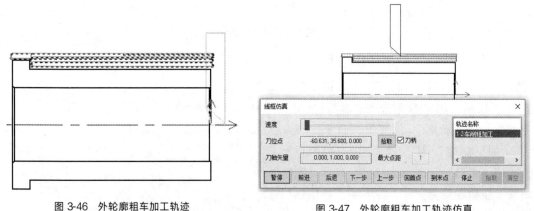

图 3-46 外轮廓粗车加工轨迹　　　　图 3-47 外轮廓粗车加工轨迹仿真

5. 内轮廓车削粗加工

① 先画出内轮廓图，在"数控车"功能区选项卡中，单击"二轴加工"面板中的"车削粗加工"按钮，弹出"车削粗加工"对话框，如图 3-48 所示。加工参数设置：加工表面类型选择"内轮廓"，加工方式选择"行切"，加工角度设为"180"，切削行距设为"1"，主偏角干涉角度设为"3"，副偏角干涉角度设为"55"，刀尖半径补偿选择"编程时考虑半径补偿"。

② 快速进退刀距离设置为"2"。每行相对毛坯及加工表面的快速进退刀方式设置为

长度"1",夹角"45"。选择"轮廓车刀",刀尖半径设为"0.4",主偏角"93",副偏角"55",刀具偏置方向为"左偏",对刀点为"刀尖尖点",刀片类型为"普通刀片"。如图 3-49 所示。

图 3-48 车削粗加工参数设置

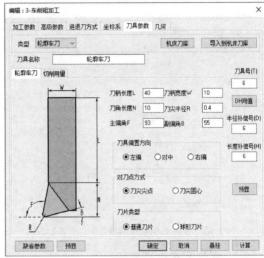

图 3-49 车削粗加工刀具参数设置

③ 设置好参数后单击"确定"按钮,采用"限制链拾取"方式拾取加工表面轮廓,按鼠标右键确定,给定进退刀点。自动生成内轮廓粗车加工轨迹,如图 3-50 所示。

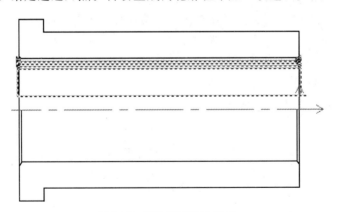

图 3-50 内轮廓粗车加工轨迹

6. 外轮廓车削精加工

① 在"数控车"功能区选项卡中,单击"二轴加工"面板中的"车削精加工"按钮,弹出"车削精加工"对话框。设置加工参数:加工表面类型选择"外轮廓",径向余量设为"0",轴向余量设为"0",主偏角干涉角度设为"3",副偏角干涉角度设为"55",刀尖半径补偿选择"编程时考虑半径补偿",如图 3-51 所示。

选择 93°轮廓车刀,刀尖半径设为"0.2",主偏角"93",副偏角"55",刀具偏置方向为"左偏",对刀点为"刀尖尖点",刀片类型为"普通刀片"。

② 设置好参数后单击"确认"按钮,按图 3-52 所示拾取轮廓。

③ 确认后给定进退刀点,生成外轮廓精车加工轨迹,如图 3-53 所示。

图3-51 外轮廓车削精加工加工参数设置

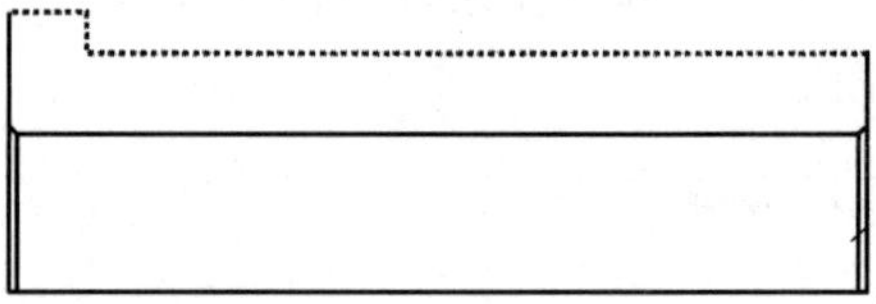

图3-52 拾取加工外轮廓

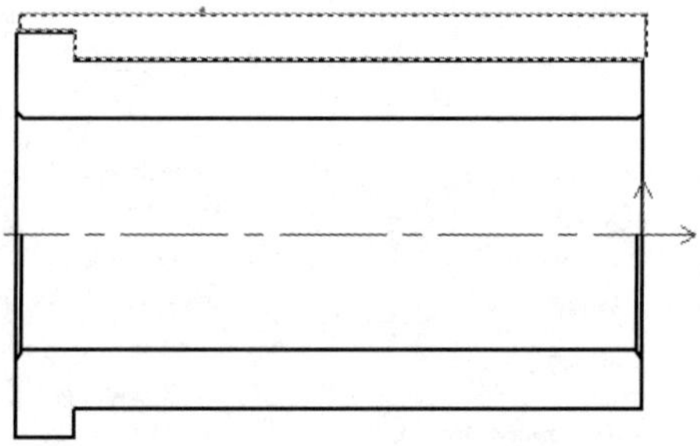

图3-53 外轮廓精车加工轨迹

7. 内轮廓车削精加工

① 在"数控车"功能区选项卡中，单击"二轴加工"面板中的"车削精加工"按钮 ，弹出"车削精加工"对话框。设置加工参数：加工表面类型选择"内轮廓"，切削行距设为"0.2"，径向余量设为"0"，轴向余量设为"0"，主偏角干涉角度设为"3"，副偏角干涉角度设为"15"，刀尖半径补偿选择"编程时考虑半径补偿"，如图3-54所示。

选择93°轮廓车刀，刀尖半径设为"0.2"，主偏角"93"，副偏角"15"，刀具偏置方向为"左偏"，对刀点为"刀尖尖点"，刀片类型为"普通刀片"。

② 确定后拾取轮廓，如图3-55所示。

③ 确定后给定退刀点，生成轨迹如图3-56所示。

图3-54 内轮廓车削精加工参数设置

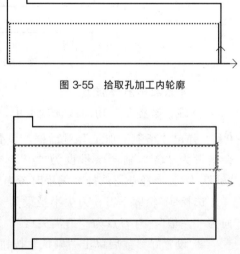

图3-55 拾取孔加工内轮廓

图3-56 内轮廓精车加工轨迹

8. 切断

① 在左端绘制切槽加工轮廓线，在"数控车"功能区选项卡中，单击"二轴加工"面板上的"车削槽加工"按钮，弹出"车削槽加工"对话框，如图 3-57 所示。加工参数设置：切槽表面类型选择"外轮廓"，加工方向选择"纵深"，加工余量设为"0"，切深行距设为"2"，退刀距离设为"1"，刀尖半径补偿选择"编程时考虑半径补偿"。

选择宽度 4mm 的切槽车刀，刀尖半径设为"0.2"，刀具位置设为"5"，编程刀位设为"前刀尖"。切削用量设置：进刀量"0.4mm/r"，主轴转速"500r/min"。

切槽刀宽≤槽宽，刀宽＝槽宽时应将加工余量设为零。

"切槽车刀"选项卡参数设置如图 3-58 所示。

图 3-57 车削槽"加工参数"设置

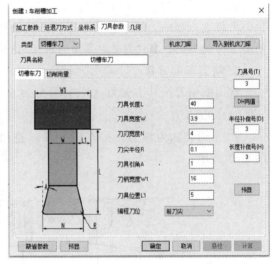

图 3-58 车削槽加工"刀具参数"设置

② 拾取左端加工轮廓，如图 3-59 所示。
③ 生成切断加工轨迹，如图 3-60 所示。

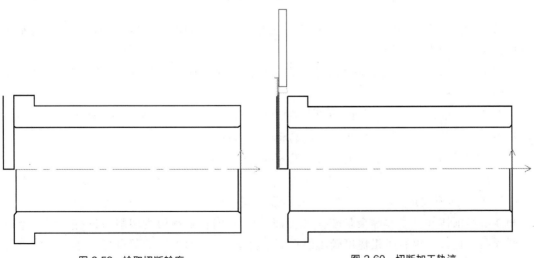

图 3-59 拾取切断轮廓　　　　　图 3-60 切断加工轨迹

9. 生成 G 代码

在"数控车"功能区选项卡中,单击"后置处理"面板中的"后置处理"按钮 G,弹出"后置处理"对话框。在该对话框中,控制系统文件选择"Fanuc",机床配置文件选择"车加工中心_2X_XZ",单击"拾取"按钮,拾取加工轨迹,然后单击"后置"按钮,弹出"编辑代码"对话框,系统自动生成加工程序。

四、知识拓展

1. 外圆车削刀具

普通外圆车削是对零件的外圆表面进行加工,获得所需尺寸形位精度及表面质量。普通轮廓车刀按照刀具主偏角分为 95°、90°、75°、60°、45°等,95°、90°主偏角刀具切削时轴向力较大,径向力较小,适于车削细长轴类零件,75°、60°、45°主偏角刀具适于车削短粗类零件的外圆,其中 45°主偏角刀具还可以进行 45°倒角车削。

2. 端面车削刀具

常用的偏刀按其主偏角(K_r)可分为 90°、75°和 45°三种。

（1）90°车刀

90°车刀又称为偏刀,按车削工件时进给方向的不同分为左偏刀和右偏刀两种,如图 3-61 所示。

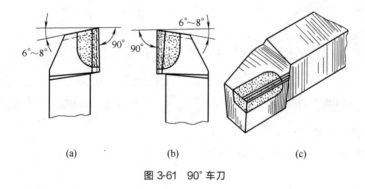

图 3-61　90°车刀

① 左偏刀又称反偏刀,其主切削刃在刀体的右侧 [如图 3-61（a）所示],是由左面纵向进给（反向走刀）切削。

② 右偏刀又称正偏刀,其主切削刃在刀体的左侧 [如图 3-61（b）所示],是由右向左纵向进给切削。

右偏刀一般用来车削工件的外圆、端面和右向台阶。因为它的主偏角较大,车削外圆时作用于工件的径向切削力较小,不容易将工件顶弯。

右偏刀适用于车削外径较大而长度较短的工件端面。

（2）75°车刀

75°车刀的刀尖角（e）大于 90°,刀头强度高,耐用度高,适用于粗车轴类工件的外圆和强力切削铸件、锻件等余量较大的工件。75°左偏刀是利用主切削刃进行车削,因而车削顺利,也可车出表面粗糙度较小的平面。由于 75°左偏刀刀尖强度好,车刀的使用寿命也较长,还可车削铸件、锻件的大平面。

主偏角 K_r 为 75°，副偏角 K_r' 为 8° 左右，如图 3-62 所示。

（3）45°车刀

45°车刀又称为弯头车刀，按车削时进给方向的不同分为左弯头车刀和右弯头车刀两种。45°车刀常用于车削工件的端面和 45°倒角，也可以用来车削外圆不规则的工件。车削端面时利用主切削刃进行切削，使切削顺利，车出工件的表面粗糙度值小。45°车刀的刀尖角等于 90°，刀头强度大，因此也可使用于车削工件较大的平面，同时可用主切削刃进行倒角和车外圆。

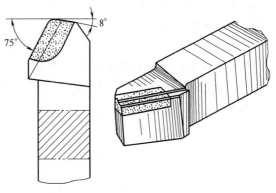

图 3-62　75°车刀

主偏角 K_r 和副偏角 K_r' 都等于 45°，如图 3-63 所示。

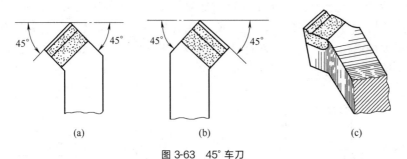

图 3-63　45°车刀

（4）车端面背吃刀量和进给量的选择

① 偏刀车端面，当背吃刀量较大时，容易扎刀。背吃刀量 a_p 的选择：粗车时 a_p＝1～3mm，精车时 a_p＝0.5～1mm。

② 进给量（f）的选择：

粗车端面时进给量 f＝0.3～0.7mm/r。

精车端面时进给量 f＝0.1～0.2mm/r。

3. 45°车刀、90°车刀和 75°车刀的区别

① 切削角度不同。45°车刀切削角度为 45°，90°车刀切削角度为 90°，75°车刀切削角度为 75°。

② 作用不同。45°和 75°车刀一般用来加工端面，90°车刀一般用来加工外圆。

③ 特点不同。45°车刀的刀片大，刀具刚性比 90°车刀好，适合粗加工。75°车刀刚性介于 45°车刀和 90°车刀之间。

走刀量相同的情况下，45°车刀的光洁度较高，刀尖散热性好，刀具寿命长，并且工件表面残留面积小。90°车刀精度高。

④ 承载能力不同。45°车刀承载能力强于 75°车刀，而 75°车刀承载能力强于 90°车刀。

4. 车刀选用要求

外圆粗车刀应能适应粗车外圆时切削深、进给快的特点，主要要求车刀有足够的强度，能一次进给车去较多的余量。选择粗车刀的一般原则是：

① 为了增强刀头强度，前角和后角应小些。
② 为了增加刀尖强度，要有过渡刃。
③ 主偏角不宜过小且前刀面上应该有断屑槽。
④ 根据切削时对车刀强度以及精度要求选取 45°、75°、90°车刀。

精车外圆时，要求达到工件的尺寸精度和较小的表面粗糙度。精车时切去的金属较少，所以要求车刀锋利，切削刃平直光洁，刀尖处可以修磨出修光部分。切削时，必须使切削排向工件待加工表面。

任务五　圆柱外螺纹车削加工

一、任务导入

螺纹加工为非固定循环方式加工，可对螺纹加工中的各种工艺条件、加工方式等进行更为灵活的控制。本任务是加工图 3-64 所示圆柱零件的外螺纹，已知螺纹外径已车至 29.8mm，退刀槽已加工完成，工件材料为 45 钢，用 CAXA CAM 数控车 2023 软件编制该零件的外螺纹加工程序。

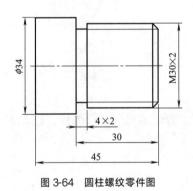

图 3-64　圆柱螺纹零件图

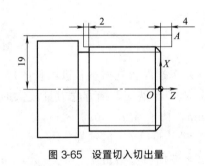

图 3-65　设置切入切出量

二、任务分析

这是一个螺距等于 2mm 的普通三角形螺纹，牙深等于 1.107mm，设定切入延长量为 4mm，切出延长量为 2mm，画出螺纹起点、终点便于加工时拾取，如图 3-65 所示。

三、任务实施

① 绘制螺纹加工图，螺纹加工切入延长量 4，切出延长量 2，画出切入点 A，螺纹起点 B，螺纹终点 C，如图 3-66 所示。

② 在"数控车"功能区选项卡中，单击"二轴加工"面板中的"车螺纹加工"按钮，弹出"车螺纹加工"对话框。如图 3-67 所示。设置螺纹参数：选择螺纹类型为"外螺纹"，螺纹节距设为"2"，螺纹牙深设为"1.107"，螺纹头数设为"1"。在"几何"页面，拾取螺纹加工起点 B，拾取螺纹加工终点 C，拾取螺纹加工进退刀点 A。

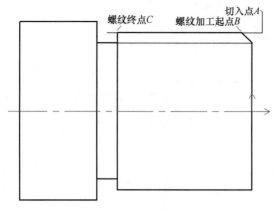

图 3-66　绘制螺纹切入起终点

数控车床在计算螺纹牙深数据时区别于普通车床,即牙深 h 的计算公式为:
$$h=(螺距×1.107)/2$$

注意：牙深为半径值。

设置螺纹加工参数：选择"粗加工",粗加工深度"1.05",每行切削用量选择"恒定切削面积",第一刀行距"0.2",最小行距"0.08",每行切入方式选择"沿牙槽中心线",如图 3-68 所示。在"刀具参数"选项中,主轴转速＝520r/min,刀刃宽度＝0.1mm。

图 3-67　"螺纹参数"对话框

图 3-68　"加工参数"对话框

③ 参数填写完毕,单击"确定"按钮,退出"车螺纹加工"对话框。拾取 A 点,系统自动生成图 3-69 所示的外螺纹加工轨迹。

④ 在"数控车"功能区选项卡中,单击"后置处理"面板中的"后置处理"按钮,弹出"后置处理"对话框。在此对控制系统文件选择"Fanuc",机床配置文件选择"数控车床_2X_XZ",单击"拾取"按钮,拾取加工轨迹,然后单击"后置"按钮,弹出"编辑代码"对话框,系统自动生成螺纹加工程序,如图 3-70 所示。

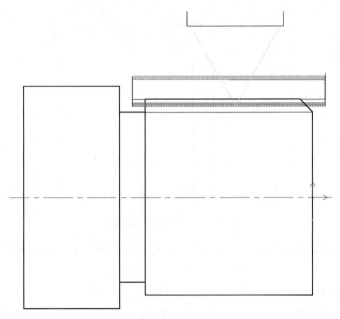

图 3-69 外螺纹加工轨迹

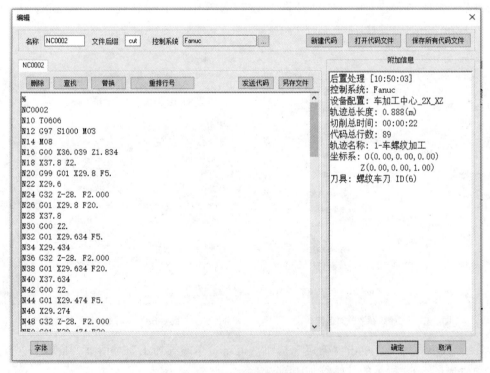

图 3-70 螺纹加工程序

四、知识拓展

1. 螺纹的牙深计算和吃刀量的给定

牙深的计算：数控车床由于是高精度加工设备，在计算螺纹相关数据时区别于普通车

床，计算参数为 1.107（并非普通车床中的 1.3 或 1.299），即牙深的计算公式为

$$h=（螺距\times 1.107）/2$$

注意：牙深为半径值，故在计算时除以 2。

每次进给的背吃刀量用螺纹深度减去精加工背吃刀量所得的差按照逐步递减的方法加工到位。

例如：加工 M20×2 的螺纹，螺距为 2mm，则 $h=(2\times 1.107)/2=1.107$（mm），给定的每次吃刀量，写出相对应每次坐标值。（注意：牙深为半径值，而 X 坐标值为径值）

第 1 刀，半径切 0.5→X19。

第 2 刀，半径切 0.3→X18.4。

第 3 刀，半径切 0.2→X18。

第 4 刀，半径切 0.107→X17.786。

2. 车削螺纹时的主轴转速

切削螺纹时，车床的主轴转速 n 受加工工件的螺距（或导程）大小、驱动电动机升降特性及螺纹插补运算速度等多种因素影响，因此对于不同的数控系统，选择车削螺纹主轴转速 n 存在一定的差异。大多数经济型数控车床推荐车削螺纹时主轴转速 n 为：

$$n\leqslant (1200/P)-K$$

式中，P 为螺纹的螺距或导程，mm；K 为保险系数，一般取 80。

3. 螺纹车削指令 G32

指令格式：

G32 X(U)＿ Z(W)＿ L＿ P＿ F＿；

指令说明：

① X、Z：设定螺纹终点绝对坐标位置。

② U、W：设定螺纹终点相对起点在 X 和 Z 方向的增量值。

③ L：设定内、外螺纹以及是否收尾，用两位数表示。一共有四种数值：10——外螺纹不收尾；11——外螺纹收尾；00——内螺纹不收尾；01——内螺纹收尾。

④ P：螺纹切削起始点的主轴转角。

⑤ F：设定螺纹导程。

注意：车削螺纹时的切入量与切出量设置，一般切入量取值 $\delta_1=2\sim 5$mm，切出量取值 $\delta_2=(1/4\sim 1/2)\delta_1$。

任务六　圆锥面外螺纹车削加工

一、任务导入

加工如图 3-71 所示的圆锥螺纹零件，已知螺纹导程为 1mm，退刀槽已加工完成，每次背吃刀量为 0.6mm、0.4mm、0.07mm（直径差）。工件材料为 45 钢，用 CAXA CAM 数控车 2023 软件螺纹固定循环功能编写圆锥螺纹加工程序。

二、任务分析

运用螺纹切削复合循环指令编程,刀尖为60°,最小切深取0.07mm,精加工余量取0.1mm,螺纹高度为0.5535mm,第一次切深取0.6mm(直径差),螺距为1mm。加工工件坐标系设置如图3-72所示。

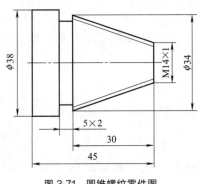

图3-71 圆锥螺纹零件图

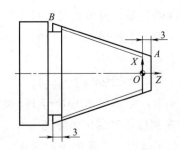

图3-72 圆锥螺纹加工工件坐标系设置

三、任务实施

① 绘制圆锥螺纹加工图,画出螺纹加工切入延长点A和终止延长点B,如图3-73所示。

② 在"数控车"功能区选项卡中,单击"二轴加工"面板中的"螺纹固定循环"按钮,弹出"螺纹固定循环"对话框。设置螺纹加工参数:选择螺纹类型为"外螺纹",螺纹固定循环类型为"复合螺纹固定循环",拾取螺纹加工起点A,拾取螺纹加工终点B,螺纹螺距设为1,螺纹牙高设为0.65,螺纹头数设为1。第一次切削深度取0.4,如图3-74所示,主轴转速=520r/min,刀刃宽度=0.1mm。

数控车床在计算螺纹牙深数据时区别于普通车床,即牙深 h 的计算公式为:

$$h=(螺距\times1.107)/2$$

注意:牙深为半径值。

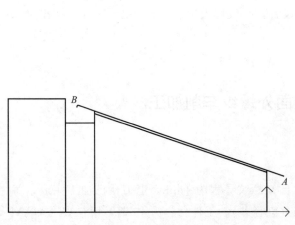

图3-73 圆锥螺纹加工螺纹起点、终点设置

图3-74 螺纹加工参数设置

③ 参数填写完毕，选择"确认"按钮，即生成螺纹车削加工轨迹，如图 3-75 所示。

④ 在"数控车"功能区选项卡中，单击"后置处理"面板中的"后置处理"按钮 G，弹出"后置处理"对话框。在此对话框中，控制系统文件选择"Fanuc"，机床配置文件选择"数控车床_2X_XZ"，单击"拾取"按钮，拾取加工轨迹，然后单击"后置"按钮，弹出"编辑代码"对话框，系统自动生成螺纹固定循环加工程序，如图 3-76 所示。

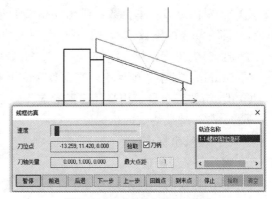

图 3-75 生成螺纹车削加工轨迹

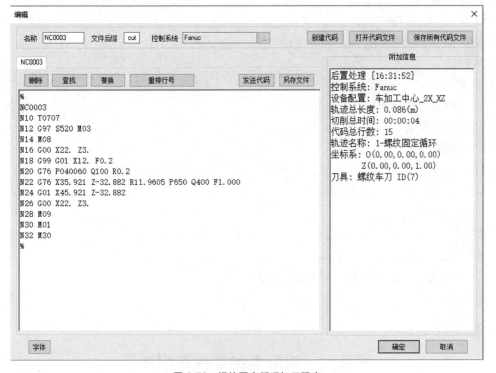

图 3-76 螺纹固定循环加工程序

四、知识拓展

1. 螺纹切削复合循环（G76）指令详解

指令格式：

G76 Pm r a QΔdmin Rd

G76 X(U) Z(W) Ri Pk QΔd Ff

指令功能：该螺纹切削循环的工艺性比较合理，编程效率较高。

指令说明：

① 精车重复次数，范围为 1～99。

② r：斜向退刀量单位数，或螺纹尾端倒角值，在 $0.0f\sim9.9f$ 之间，以 $0.1f$ 为一单位，（即为 0.1 的整数倍），用 00～99 两位数字指定（其中 f 为螺纹导程）。

③ a：刀尖角度，从 80°、60°、55°、30°、29°、0°六个角度中选择。

④ Δdmin：最小切削深度，当计算深度小于 dmin，则取 dmin 作为切削深度。

⑤ d：精加工余量，用半径编程指定。

⑥ X、Z：螺纹终点的坐标值。

⑦ U：增量坐标值。

⑧ W：增量坐标值。

⑨ i：锥螺纹的半径差，若等于 0 则为直螺纹。

⑩ k：螺纹高度（X 方向半径值）。

⑪ Δd：第一次粗切深（半径值）。

2. 举例说明

G76 P010060 Q300 R0.1

G76 X274.8 Z-30 P2600 Q800 F4

解释：

① 第一行：

01：精加工循环次数。

00：Z 方向的退尾量。

60：螺纹角度。

Q300：最后一刀的切深数值，千进位，300 也就是 0.3mm。

R0.1：精加工余量 0.1mm。

② 第二行：

X、Z：终点坐标。

P2600：螺纹牙高，为 $2600\mu m$。

Q800：第一刀的切深量，同 Q300 算法一样。

F4：螺距。

任务七　成形面类零件车削加工

一、任务导入

车成形面是指用切削刃形状与工件上成型表面的截面轮廓形状相符合的成形刀具，直接加工出成形面，是切削加工成形面的主要方法之一。本任务是加工图 3-77 所示的工件，毛坯为 $\phi50\text{mm}\times120\text{mm}$ 的 45 钢棒料，试确定其加工工艺并编写加工程序。

二、任务分析

该零件的毛坯尺寸为 $\phi50\text{mm}\times120\text{mm}$，材料为 45 钢，需要加工外圆面并倒角，有两个槽。确定加工路线为粗车外圆、精车外圆并倒角至尺寸要求，最后切 5mm 窄槽。加工凸圆弧面，使用的刀具有成形车刀、棱形偏刀及尖刀。加工半圆形表面选用成形车刀，加工精度较低的凸圆弧可选用尖刀，加工圆弧表面后还需车台阶时应选用棱形偏刀。选用尖刀及棱形偏刀时，副偏角应足够大，否则加工时会发生干涉现象。

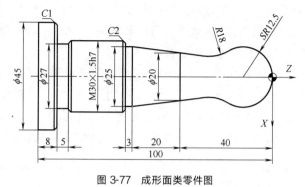

图 3-77 成形面类零件图

三、任务实施

1. 工艺分析

该零件包括复杂外形面加工、切槽、螺纹加工和切断等典型工序。根据加工要求选择刀具与切削用量。

2. 编制加工程序

（1）零件外轮廓粗加工

① 轮廓建模。在"常用"功能区选项卡中，单击"修改"面板中的"平移"按钮，将零件图向左移动 4mm，这样可以有效地防止加工过程中零件头部出现残留的小丁。

生成粗加工轨迹时，只需绘制要加工部分的外轮廓，其余线条可以不必画出。在"数控车"功能区选项卡中，点击创建毛坯图标，弹出对话框，输入高度 107，半径 25，单击"确定"退出对话框，完成圆柱体毛坯创建，如图 3-78 所示。

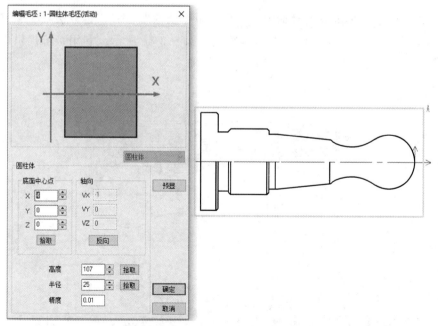

图 3-78 粗加工外轮廓和毛坯轮廓

② 在"数控车"功能区选项卡中，单击"二轴加工"面板中的"车削粗加工"按钮，弹出"车削粗加工"对话框，如图 3-79 所示。加工参数设置：加工表面类型选择

"外轮廓",加工方式选择"行切",加工角度设为"180",径向余量设为"0.3",切削行距设为"1",主偏角干涉角度要求小于"3",副偏角干涉角度设为"55",刀尖半径补偿选择"编程时考虑半径补偿"。

③ 每行相对毛坯及加工表面的速进退刀方式设置为长度"1",夹角"45"。选择"轮廓车刀",刀尖半径设为"0.4",主偏角"93",副偏角"55",刀具偏置方向为"左偏",对刀点为"刀尖尖点",刀片类型为"球形刀片",如图3-80所示。

切削用量设置:进刀量"0.3mm/r",主轴转速"1000r/min"。

图3-79 车削粗加工"加工参数"设置　　图3-80 车削粗加工"刀具参数"设置

④ 单击"确定"按钮退出对话框,采用"单个拾取"方式,拾取被加工轮廓,单击右键,拾取进退刀点,系统自动生成刀具轨迹,如图3-81所示。利用系统提供的模拟仿真功能进行刀具轨迹模拟,验证刀具路径是否正确。

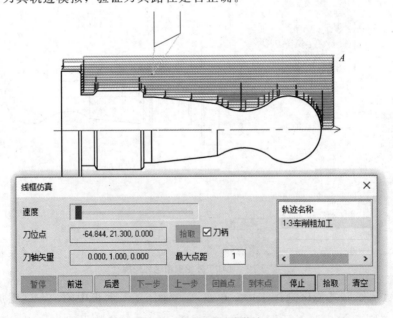

图3-81 粗加工的刀具轨迹

⑤ 在"数控车"功能区选项卡中，单击"后置处理"面板中的"后置处理"按钮 G，弹出"后置处理"对话框。在该对话框中，控制系统文件选择"Fanuc"，机床配置文件选择"数控车床_2X_XZ"，单击"拾取"按钮，拾取加工轨迹，然后单击"后置"按钮，弹出"编辑代码"对话框，如图 3-82 所示，生成零件外轮廓粗加工程序。

图 3-82　生成零件外轮廓粗加工程序

(2) 零件外轮廓精加工

精加工编程的主要步骤如下。

① 轮廓建模。编制精加工程序时只需要被加工零件的表面轮廓。

② 在"数控车"功能区选项卡中，单击"二轴加工"面板中的"车削精加工"按钮，弹出"车削精加工"对话框，如图 3-83 所示。加工参数设置：加工表面类型选择"外轮廓"，反向走刀设为"否"，切削行数设为 1，主偏角干涉角度要求小于 3，副偏角干涉角度设为"55"，刀尖半径补偿选择"编程时考虑半径补偿"。径向余量和轴向余量都设为"0"。

选择"轮廓车刀"，刀尖半径设为"0.2"，主偏角"93"，副偏角"55"，刀具偏置方向为"左偏"，对刀点方式为"刀尖圆心"，刀片类型为"球形刀片"，如图 3-84 所示。

切削用量设置：进刀量"0.1mm/r"，主轴转速"1200r/min"。

③ 单击"确定"按钮退出对话框，采用"单个拾取"方式，拾取被加工轮廓，单击右键，拾取进退刀点，结果生成成形面轴零件精加工轨迹，如图 3-85 所示。

④ 在"数控车"功能区选项卡中，单击"后置处理"面板中的"后置处理"按钮 G，弹出"后置处理"对话框。在该对话框中，控制系统文件选择"Fanuc"，机床配置文件选择"数控车床_2X_XZ"，单击"拾取"按钮，拾取加工轨迹，然后单击"后置"按钮，弹出"编辑代码"对话框，如图 3-86 所示，生成成形面轴零件精加工程序。

图 3-83 车削精加工"加工参数"设置

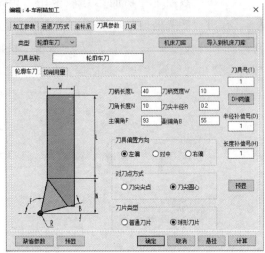
图 3-84 车削精加工"刀具参数"设置

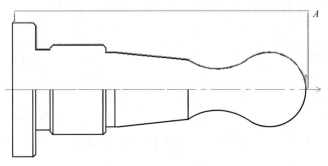
图 3-85 成形面轴零件精加工轨迹

图 3-86 生成成形面轴零件精加工程序

(3) 切槽加工

① 在"常用"功能区选项卡中，单击"绘图"面板中的"直线"按钮，在立即菜单中，选择"两点线、连续、正交"方式，捕捉槽左交点，向上绘制 2mm 竖直线，右边斜线向上延长 2mm，两边竖线上边平齐，完成加工轮廓的绘制，结果如图 3-87 所示。

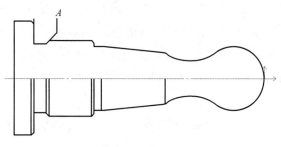

图 3-87　绘制加工轮廓

② 在"数控车"功能区选项卡中，单击"二轴加工"面板中的"车削槽加工"按钮，弹出"车削槽加工"对话框，如图 3-88 所示。加工参数设置：切槽表面类型选择"外轮廓"，加工方向选择"纵深"，加工余量设为"0"，切深行距设为"1"，退刀距离设为"2"，刀尖半径补偿选择"编程时考虑半径补偿"。

③ 选择刀刃宽度 4mm 的切槽车刀，刀尖半径设为"0.1"，刀具位置设为"5"，编程刀位设为"前刀尖"，如图 3-89 所示。

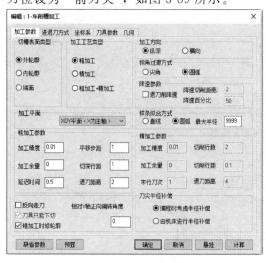

图 3-88　车削槽加工"加工参数"设置

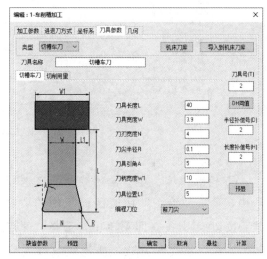

图 3-89　车削槽加工"刀具参数"设置

④ 单击"确定"按钮退出对话框，采用"单个拾取"方式，拾取被加工轮廓，单击右键，拾取进退刀点 A，结果生成切槽加工轨迹及仿真，如图 3-90 所示。

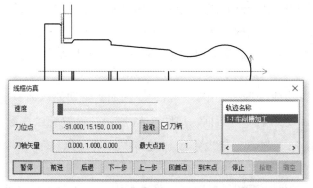

图 3-90　切槽加工轨迹

⑤ 在"数控车"功能区选项卡中,单击"后置处理"面板中的"后置处理"按钮 G,弹出"后置处理"对话框。在该对话框中,控制系统文件选择"Fanuc",机床配置文件选择"车加工中心_2X_XZ",单击"拾取"按钮,拾取加工轨迹,然后单击"后置"按钮,弹出"编辑代码"对话框,如图 3-91 所示,生成切槽加工程序。

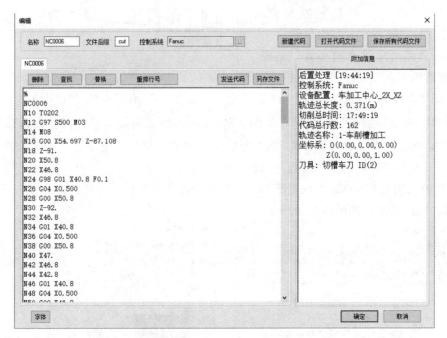

图 3-91　生成切槽加工程序

(4) 螺纹加工

① 轮廓建模。在"常用"功能区选项卡中,单击"绘图"功能区面板中的"直线"按钮 /,在立即菜单中,选择"两点线、连续、正交"方式,捕捉螺纹线左端点,向左绘制 3mm 到 B 点,捕捉螺纹线右端点,向右绘制 3mm 到 A 点,确定切入切出延长量,如图 3-92 所示。

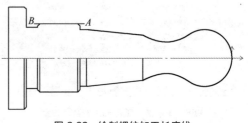

图 3-92　绘制螺纹加工长度线

在数控车床上车螺纹时,沿螺距方向的 Z 向进给应和车床主轴的旋转保持严格的速比关系,因此应避免在进给机构加速或减速的过程中切削螺纹,所以要设切入延长量和切出延长量,避免螺纹错牙。车削螺纹时的切入延长量,一般为 2~5mm,切出延长量一般为 0.5~2.5mm。

② 在"数控车"功能区选项卡中,单击"二轴加工"功能区面板中的"车螺纹加工"按钮 ,弹出"车螺纹加工"对话框,如图 3-93 所示。设置螺纹参数:选择螺纹类型为"外螺纹",拾取螺纹加工起点,拾取螺纹加工终点,拾取螺纹加工进退刀点,螺纹节距"1.5",螺纹牙高"0.83",螺纹头数"1"。

数控车床在计算螺纹牙深数据时区别于普通车床,即牙深 h 的计算公式为:

$$h = (螺距 \times 1.107)/2$$

注：牙深为半径值。

③ 单击"加工参数"选项，设置螺纹加工参数：选择"粗加工"，粗加工深度"0.83"，每行切削用量选择"恒定切削面积"，第一刀行距"0.4"，最小行距"0.08"，每行切入方式选择"沿牙槽中心线"，如图3-94所示。

单击"刀具参数"选项，设置螺纹加工刀具参数：刀具角度"60"，刀具种类选择"米制螺纹"。

单击"刀具参数"页面的"切削用量"选项，设置切削用量：进刀量"0.15mm/r"，选择"恒转速"，主轴转速设为"520r/min"。

图3-93 车螺纹加工"螺纹参数"设置　　图3-94 车螺纹加工"加工参数"设置

④ 选择几何页面，单击拾取螺纹线的起始点、螺纹终止点、进退刀点，注意这里的螺纹起始点、螺纹终止点不是 A 点和 B 点。单击"确定"按钮退出"车螺纹加工"对话框，系统自动生成螺纹加工轨迹，如图3-95所示。

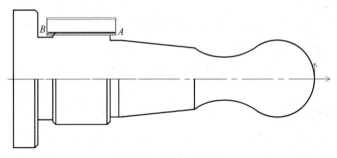

图3-95 螺纹加工轨迹

⑤ 在"数控车"功能区选项卡中，单击"后置处理"功能区面板中的"后置处理"按钮 G，弹出"后置处理"对话框。在该对话框中，控制系统文件选择"Fanuc"，单击"拾取"按钮，拾取加工轨迹，然后单击"后置"按钮，弹出"编辑代码"对话框，系统自动会生成螺纹加工程序，如图3-96所示。

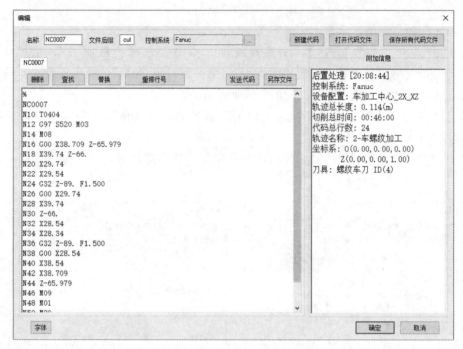

图 3-96　螺纹加工程序

四、知识拓展

1. 粗车参数设置

行切方式相当于 G71，等距方式相当于 G73，自动编程时常用行切方式，等距方式容易造成切削深度不同对刀具不利。快速退刀距离一般设置为"0.5"，内轮廓可根据实际情况设置，避免撞刀。刀具号与刀具补偿号"T0101"中的两个"01"，表示 1 号刀 1 号刀补。刀尖半径根据刀具实际情况设置。刀具后角与加工参数设置中的干涉后角相同，其余参数基本不设置，使用默认值。

2. 切槽参数设置

加工方向改为"纵深"，横向会造成刀具损坏；加工余量不可太大，一般设为"0.1"；平移步距小于刀刃宽度，退刀距离太远会延长加工时间。

刀具宽度小于刀刃宽度，刀尖半径根据实际情况确定。球头刀刀具半径为刀刃宽度的一半，其余使用默认值。

3. 切入切出原则

合理选取起刀切入点和切出方式，保证切入过程平稳，没有冲击。可以采用圆弧切入切出的方式。为保证工件轮廓表面加工后的粗糙度要求，精加工时，最终轮廓应安排在最后一次走刀连续加工出来。认真考虑刀具的切入和切出路线，尽量减少在轮廓处停刀而留下刀痕。

4. 进给路线优化

编写程序其实编写的就是进给路线，也就是刀具在整个加工工序中的运动轨迹，是编写程序的重要依据之一。那么进给路线如何优化对于数控加工是很重要的。通常应考虑以下几个方面：

① 减少空刀。在整个切削轨迹中要避免连续的退刀或空刀等，保证刀具的每次移动都在有效切削，缩短加工时间，提高效率。

② 合理安排起刀点。如在循环加工中，根据工件的实际加工情况，合理安排起刀点，在确保零件能够按预想的工艺加工出来及安全和满足换刀需要的前提条件下，使起刀点尽量靠近工件，减少空走刀行程，缩短进给路线，节省在加工过程中的执行时间。

③ 选用合适的切削要素。在兼顾被加工零件的刚性及加工工艺性等要求下，选择合理的切削要素，采取最短的切削进给路线，提高生产效率，降低刀具磨损，提高刀具寿命。

④ 合理安排刀具。第一，粗精加工刀具合理安排、充分发挥刀具的性能，同样可以缩短刀具路径。比如可以用切槽车刀车削外圆、倒角。第二，对于大批量生产，加工时间多精确到秒，那么换刀和退刀可能会占到总加工时间相当大的比例。在安排刀具时要考虑按工艺顺序安排刀具安装位置，长短刀具的协调，以便缩短退刀距离。也可以使用一些复合刀具完成，比如复合台阶钻、绞刀等。

项目小结

CAXA 绘图要以界面上的零点为基准。后置处理出来的程序坐标也是以界面上的零点为基准的。也就是说绘图界面上的零点和加工时工件坐标系的原点是重合的。本项目主要利用阶梯轴零件车削粗加工、门轴零件轮廓车削精加工、圆柱零件切槽加工、套筒零件车削加工、圆柱外螺纹车削加工、圆锥面外螺纹车削加工、成形面类零件车削加工实例来学习 CAXA CAM 数控车 2023 软件零件编程加工的方法，通过学习掌握 CAXA CAM 数控车 2023 软件轮廓加工、切槽加工、螺纹加工和成形面零件的加工编程方法，学会编写简单轴类零件的数控车削加工程序，培养学生精益求精的大国工匠精神，激发学生科技报国的家国情怀和使命担当。

思考与练习

一、填空题

1. 编程方式设置有（　　）编程 G90 和（　　）编程 G91 两种方式。
2. 后置参数设置包括（　　）、（　　）、（　　）、（　　）、（　　）、（　　）、（　　）和（　　）。
3. CAXA CAM 数控车 2023 软件支持的刀具类型包括（　　）、（　　）、（　　）和（　　）。
4. 数控车床的速度参数包括（　　）、（　　）、（　　）和（　　）。
5. 轮廓粗车功能主要用于对工件（　　）表面、（　　）表面和（　　）表面的粗车加工，用于快速消除毛坯多余部分（　　）的生成、轨迹仿真以及（　　）的提取。
6. 当系统提示用户拾取被加工工件表面轮廓时，系统默认拾取方式为（　　）拾取。按空格键弹出点工具菜单，系统提供 3 种拾取方式供用户选择，它们分别是（　　）方式、（　　）方式和（　　）方式。
7. 指定一点为刀具加工前和加工后所在的位置，该点为进退刀点。若单击鼠标（　　），可忽略该点的输入。

二、选择题

1. 刀具库管理功能用于定义和确定刀具的有关数据，以便于用户从刀具库中获取刀具信息，对刀具库进行维护。该功能包括（　　）刀具类型的管理。

   A. 轮廓车刀、切槽车刀、立铣刀　　B. 螺纹车刀、钻头、球头铣刀等　　C. 以上都包括

2. 显示刀具库中所有同类型刀具的名称，可通过（　　）选择不同的刀具名，刀具参数表将显示所选刀具的参数。

   A. 鼠标或↑、↓键和回车键　　B. 鼠标或↑、↓键　　C. Shift键和↑、↓键

3. 刀具的系列号，用于（　　）指令。

   A. 后置处理和自动换刀　　B. 后置处理的自动换刀　　C. 刀具的自动补偿

4. 车端面时，默认加工方向应垂直于系统 X 轴，即加工角度为（　　）。

   A. $-90°$ 或 $270°$　　B. $90°$ 或 $270°$　　C. $90°$ 或 $-270°$

5. 粗车对话框中矢量进刀方式是指（　　）。

   A. 刀具直接进刀到每一切削行的起始点

   B. 在每一切削行前加入一段与系统 X 轴（机床 Z 轴）正方向成一定夹角的进刀段

   C. 对加工表面部分进行切削时的进刀方式

三、判断题

1. 切削被加工工件时，刀具切到了不应该被切到的部分，称为出现干涉现象。（　　）

2. 使用曲线裁剪功能，其中快速裁剪、点裁剪和线裁剪具有投影裁剪功能。（　　）

3. 当操作中需要输入某点的坐标时，可使用空格键弹出"坐标数据输入"对话框。（　　）

4. 在 CAXA CAM 数控车 2023 软件中，使用机床设置功能对程序格式进行修改，使用的是宏程序，而不是直接使用 G、M 指令。（　　）

5. 进行轮廓粗车操作时，一定要注意被加工轮廓与毛坯轮廓必须两端点相连，共同构成一个封闭的加工区域。（　　）

6. 在轮廓粗车操作中，当拾取了第一条轮廓线后，系统提示选择方向，此方向为刀具加工的前进方向。（　　）

四、简答题

1. 在刀具库管理中置当前刀的作用是什么？
2. 机床设置与后置处理的作用是什么？
3. 什么时候应该进行机床设置与后置处理？
4. CAXA CAM 数控车 2023 软件系统中的轮廓粗车对被加工轮廓与创建毛坯有哪些要求？
5. 在绘制被加工轮廓与创建毛坯时应注意哪些问题？
6. 切槽时被加工轮廓如何拾取？

五、作图题

1. 绘制如图 3-97 所示零件的外圆轮廓线和毛坯轮廓线，并生成数控加工程序。

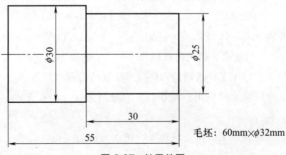

图 3-97　轴零件图

2. 以编写图 3-98 所示的轧辊零件轮廓精加工程序为例，说明 HNC-21T 数控车系统的机床设置与后置处理的方法。该零件的工件坐标系原点设在图中 O 点，换刀点在 $X100$、$Z100$ 处，采用左、右手轮廓车刀各 1 把。

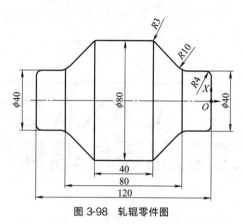

图 3-98 轧辊零件图

3. 如图 3-99 所示工件，毛坯为 $\phi 25\text{mm} \times 67\text{mm}$ 的 45 钢棒料，确定其加工工艺并编写加工程序。

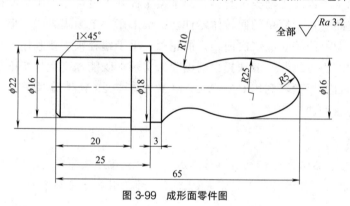

图 3-99 成形面零件图

项目四

CAXA CAM数控车 2023软件工艺品零件编程与仿真加工

数控车床除了可以加工轴类、套类、圆锥类工件外,也可以加工一些标准的回转体特性面零件及工艺品。对于简单的回转体零件,一般采用手工编程方式,但一些相对复杂的曲线(如椭圆、抛物线等非圆二次曲线)的轮廓,手工编程则需要利用宏程序,工作效率较低。这类零件的程序编制一般选择自动编程来实现,既能提高数控车削精度,又能提高编程效率。本项目主要学习利用CAXA CAM数控车2023软件编写子弹挂件、酒杯和葫芦工艺品零件的数控加工程序。

* 育人目标 *

- 通过对工艺品零件进行编程与仿真加工,培养学生实事求是、尊重自然规律的科学精神,培养学生不畏困难、精益求精的工匠精神,引导学生树立科技强国的责任感和使命感。
- 引导学生勇于思考、乐于探索,培养学生的社会责任感、创新精神和实践能力。
- 教育引导学生在学习时务必以求真的态度,规范操作,养成良好的职业素养和文明素养,培养综合实践能力。

* 技能目标 *

- 了解数控车床常用绘图及编辑方法。
- 掌握CAXA CAM数控车2023软件内外轮廓粗加工方法。
- 掌握CAXA CAM数控车2023软件内轮廓精加工方法。
- 掌握工具栏功能图标的操作方法,提高作图效率。
- 激发学生学习动力,培养学生的创新思维能力。

任务一　子弹挂件零件编程与仿真加工

一、任务导入

子弹也可以说是集物理学、化学、材料学、空气动力学以及工艺于一身的文明产物。子弹作为一种技术含量很高的产品，也可以作为一种供欣赏的工艺品。本任务是利用 CAXA CAM 数控车 2023 软件进行子弹挂件零件编程与仿真加工。子弹挂件零件形状如图 4-1 所示，材料为直径为 16mm 的铜棒，长度为 40mm。

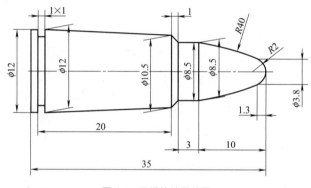

图 4-1　子弹挂件零件图

二、任务分析

图 4-1 所示为一个子弹挂件零件，其结构较为简单，除具备阶梯轴零件的特征外，还具备一个圆锥半角为 6°的锥面、一个 1mm 沟槽、一个 R40mm 圆弧曲面。尺寸结构较为简单，因为零件没实际使用价值，因此没有公差、精度要求。加工工艺为：选用 35°外圆机夹车刀车削外圆→提高转速进行外圆的加工→换切槽车刀进行切槽切断→工件加工完成。

三、任务实施

① 双击桌面的图标 ，启动 CAXA CAM 数控车 2023 软件。

② 在"常用"功能区选项卡中，单击"特性"功能区面板中的"图层"按钮 ，选择"细实线层"为当前图层，画中心线。

③ 在"常用"功能区选项卡中，单击"绘图"功能区面板中的"直线"按钮 ，在立即菜单中，选择"两点线、连续、正交"方式，捕捉坐标中心点，向左绘制 40mm，画出中心线，如图 4-2 所示。

图 4-2　绘制中心线

④ 选择"粗实线层",画轮廓线。同样从坐标中心开始绘制向上6mm的直线。

⑤ 在"常用"功能区选项卡中,单击"修改"功能区面板中的"等距线"按钮。等距线功能默认为指定距离方式。设置距离为"35",立即菜单如图4-3所示。按系统提示拾取曲线,选择方向,等距线可自动绘出,如图4-4所示。

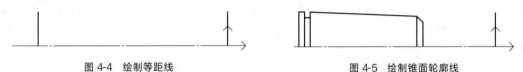

图4-3 等距线立即菜单

⑥ 同样用画直线的方式绘制其他轮廓线,如图4-5所示。

图4-4 绘制等距线　　　　图4-5 绘制锥面轮廓线

⑦ 在"常用"功能区选项卡中,单击"绘图"功能区面板中的"圆"按钮。在左下角设置图4-6所示的圆立即菜单,输入圆心坐标"(-2,0)",然后输入半径"2",圆线自动绘出,如图4-7所示。

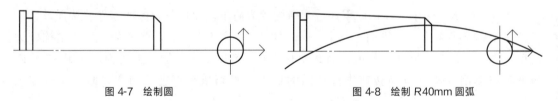

图4-6 圆立即菜单

⑧ 在"常用"功能区选项卡中,单击"绘图"功能区面板中的"圆"按钮。在立即菜单中设置"两点半径",首先在$R2mm$圆周右上面捕捉切点,然后输入下一点坐标"(-13,4)",输入半径"40",$R40mm$圆弧自动绘出,如图4-8所示。

图4-7 绘制圆　　　　图4-8 绘制$R40mm$圆弧

⑨ 在"常用"功能区选项卡中,单击"修改"功能区面板中的"裁剪"按钮,用光标拾取要被裁剪掉的线段,待按下鼠标左键后,将被拾取的线段裁剪掉。最后删除多余的线条,结果如图4-9所示。

注意:

a. 因为车床上的工件都是回转体,所以图形只需要绘出一半。

b. 注意图形的线条,不能出现断点、交叉、重叠,否则会导致CAXA CAM 数控车2023软件无法生成刀具轨迹。

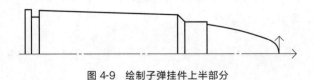

图4-9 绘制子弹挂件上半部分

⑩ 在"常用"功能区选项卡中,单击"修改"功能区面板中的"镜像"按钮 ⚠。系统提示拾取要镜像的实体,拾取要镜像图完成后按鼠标右键加以确认。用鼠标拾取一条作为镜像操作的对称轴线,一个以该轴线为对称轴的新图形显示出来,如图 4-10 所示。

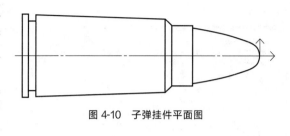

图 4-10 子弹挂件平面图

⑪ 绘制进刀点 A,在"数控车"功能区选项卡中,点击创建毛坯图标 📦。弹出对话框,设置底面中心点(0,0,0),输入高度 35,半径 7,单击"确定"退出对话框,完成圆柱体毛坯创建,如图 4-11 所示。

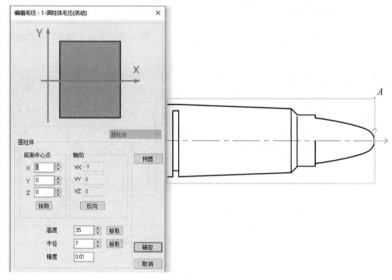

图 4-11 创建圆柱体毛坯

⑫ 在"数控车"功能区选项卡中,单击"二轴加工"功能区面板中的"车削粗加工"按钮,弹出"车削粗加工"对话框,如图 4-12 所示。加工参数设置:加工表面类型选择"外轮廓",加工方式选择"行切",加工角度设为"180",切削行距设为"0.3",主偏角干涉角度≤3°,副偏角干涉角度≤55°,刀尖半径补偿选择"编程时考虑半径补偿",拐角过渡方式设为"圆弧"过渡。

单击"车削粗加工"对话框中的"刀具参数",如图 4-13 所示,设置主偏角 93°,副偏角 55°,刀具偏置方向为"左偏"。

⑬ 参数设置完成后,单击"确定"按钮,采用"单个拾取"方式,拾取被加工轮廓和毛坯,确定进退刀点 A,即可生成粗加工轨迹,如图 4-14 所示。

在"数控车"功能区选项卡中,单击"后置处理"功能区面板中的"后置处理"按钮 G,弹出"后置处理"对话框。在该对话框中,控制系统文件选择"Fanuc",设备配置文件选择"车加工中心_2X_XZ",单击"拾取"按钮,拾取加工轨迹,然后单击"后置"按钮,弹出"编辑代码"对话框,如图 4-15 所示。

 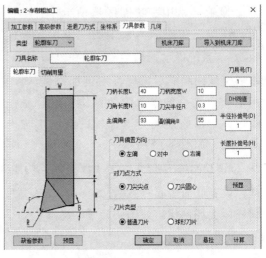

图 4-12　车削粗加工"加工参数"设置　　　　图 4-13　车削粗加工"刀具参数"设置

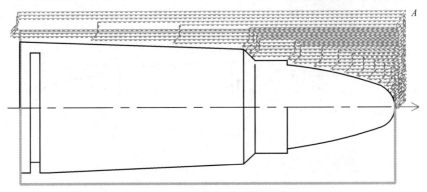

图 4-14　子弹挂件轮廓车削粗加工轨迹

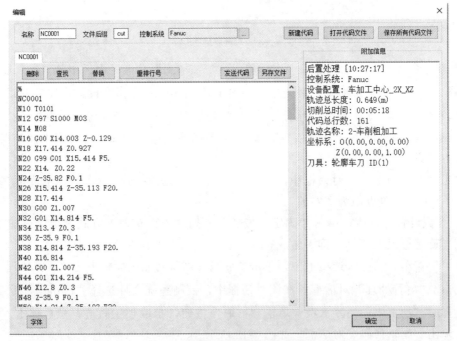

图 4-15　子弹挂件轮廓粗车加工程序

⑭ 在"数控车"功能区选项卡中,单击"二轴加工"功能区面板中的"车削精加工"按钮,弹出"车削精加工"对话框,如图4-16所示。加工参数设置:加工表面类型选择"外轮廓",反向走刀设为"否",切削行距设为"0.2",主偏角干涉角度要求≤3°,副偏角干涉角度要求≤55°,刀尖半径补偿选择"编程时考虑半径补偿",径向余量和轴向余量都设为"0"。

单击"车削精加工"对话框中的"刀具参数",如图4-17所示,单击"刀库"按钮,弹出"刀具库"对话框,选择2号轮廓车刀。

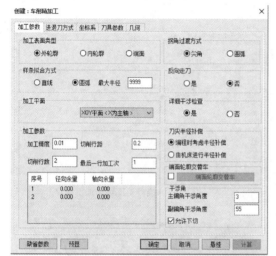 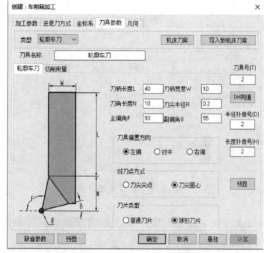

图4-16 车削精加工"加工参数"设置　　　图4-17 车削精加工"刀具参数"设置

单击"确定"按钮退出对话框,采用"单个拾取"方式,拾取被加工轮廓,单击右键,拾取进退刀点A,结果生成零件精加工轨迹,如图4-18所示。

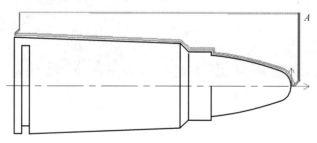

图4-18 子弹挂件轮廓精车轨迹

⑮ 在"数控车"功能区选项卡中,单击"后置处理"功能区面板中的"后置处理"按钮,弹出"后置处理"对话框,如图4-19所示。在该对话框中,控制系统文件选择"Fanuc";

设备配置文件选择"车加工中心_2X_XZ",单击"拾取"按钮,拾取加工轨迹,然后单击"后置"按钮,弹出"编辑代码"对话框,如图4-20所示,生成子弹挂件轮廓精车加工程序,在此也可以编辑修改加工程序。

⑯ 将铜棒夹紧在数控车床卡盘上,将轮廓车刀及切断刀安装在四工位刀架上。开启数控车床,进行刀具对刀,输入刀具定位点等参数进入刀补内,然后检测对刀是否正确。

将加工程序输入数控车床系统,运行程序,按下"单段加工"按钮,保障加工过程一步一步进行,防止程序出错而发生撞刀。通过观察第一刀车削过程没问题后,可关闭"单段加工"按钮进行车削。车削完毕,检测铜子弹是否达到所需要求。加工过程如图 4-21 所示,子弹挂件实物如图 4-22 所示。

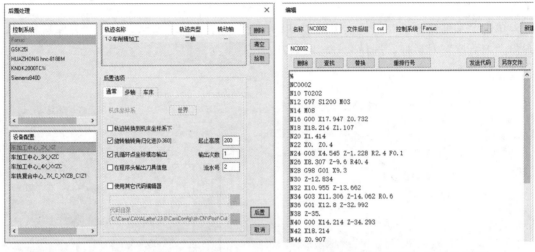

图 4-19 后置处理设置　　　　　　　图 4-20 子弹挂件轮廓精车加工程序

图 4-21 机床加工过程　　　　　　　图 4-22 子弹挂件实物

四、知识拓展

1. 尺寸单位选择

格式：G20　英制输入制式　　英寸输入
　　　G21　公制输入制式　　毫米输入（默认）

2. 进给速度单位的设定

① 每转进给量。

编程格式：G95 F~

F 后面的数字表示的是主轴每转进给量,单位为 mm/r。

例：G95 F0.2 表示进给量为 0.2mm/r。

② 每分钟进给量。

编程格式：G94 F~

F 后面的数字表示的是每分钟进给量，单位为 mm/min。

例：G94 F100 表示进给量为 100mm/min。

任务二　酒杯零件编程与仿真加工

一、任务导入

在数控车削中，含有椭圆、非圆曲线零件的编程与加工，对编程技术人员来说一直是一个难点。采用宏程序编程，涉及很多变量和相应的语言结构，使用起来并不简洁。采用 CAXA CAM 数控车 2023 软件针对非圆曲线零件自动编程，大大降低了编程难度，提高了编程效率，缩短了零件制造周期。

本任务将通过一个复杂非圆曲线零件——酒杯零件（见图 4-23）的数控编程，来介绍利用 CAXA CAM 数控车 2023 软件的造型设计、加工轨迹的生成及程序的后置处理的全过程。

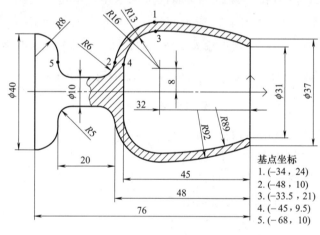

图 4-23　酒杯零件图

二、任务分析

如图 4-23 所示，酒杯零件是非圆曲线类薄壁件零件，其轮廓由样条线、圆弧和椭圆构成。加工难点在杯柄处，直径只有 10mm，且圆弧曲率半径变化很大。采用手工编程，圆弧的切点计算相当复杂，因此利用 CAXA CAM 数控车 2023 软件进行自动编程。

根据零件图的尺寸，选毛坯为 $\phi 55\text{mm} \times 100\text{mm}$ 的圆柱棒料，材料为 45 钢。制作出 $\phi 20\text{mm}$ 的内孔，孔深 45mm，先去除局部毛坯，方便刀具进退刀。采用三爪卡盘夹紧工件，轴的伸出长度为 90mm，以杯口 $\phi 31\text{mm}$ 的端面中心建立工件坐标系。

三、任务实施

1. 确定加工方案、刀具及切削用量

由于酒杯零件属于薄壁件，且杯柄处直径只有 10mm，在安排加工顺序时，应先进行内孔加工,再进行外圆加工,可避免在切削力作用下造成杯体折断。

2. 创建酒杯外形特征

① 双击桌面的图标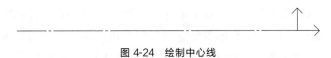,启动 CAXA CAM 数控车 2023 软件。

② 在"常用"功能区选项卡中,单击"特性"功能区面板中的"图层"按钮,选择"细实线层"为当前图层,画中心线。

在"常用"功能区选项卡中,单击"绘图"功能区面板中的"直线"按钮,在立即菜单中,选择"连续",设置"正交"方式,捕捉坐标中心点,向左绘制 76mm,画出中心线,如图 4-24 所示。

图 4-24 绘制中心线

③ 选择"粗实线层",画轮廓线。单击"绘图"功能区面板中的"直线"按钮,输入第一点为坐标"(-76,0)",第二点为坐标"(-76,20)",在左边 76mm 的位置上画 20mm 长的竖线。然后在"常用"功能区选项卡中,单击"绘图"功能区面板中的"圆"按钮。在左下角设置图 4-25 所示的圆立即菜单,选择"圆心_半径"方式,键盘输入圆心坐标"(-76,12)",然后输入半径"8",圆线自动绘出,如图 4-26 所示。

图 4-25 圆立即菜单

④ 用直线命令在 $R8$mm 圆右边画一条竖直切线,然后在"常用"功能区选项卡中,单击"修改"功能区面板中的"等距线"按钮。等距线功能默认为指定距离方式。设置距离为"5",立即菜单如图 4-27 所示。按系统提示拾取曲线,选择方向,等距线可自动绘出,如图 4-28 所示。

图 4-26 绘制圆

图 4-27 等距线立即菜单

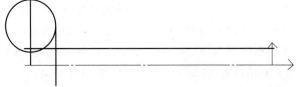

图 4-28 绘制等距线

⑤ 在"常用"功能区选项卡中,单击"修改"功能区面板中的"过渡"按钮,修改过渡半径为"5",用鼠标拾取待过渡的第一条曲线,拾取第二条曲线以后,在两条曲线之间用一个半径为 5mm 的圆弧光滑过渡,如图 4-29 所示。

⑥ 用绘制直线和圆弧过渡命令绘制 $R6$mm 圆弧，如图 4-30 所示。

图 4-29　绘制 R5mm 圆弧　　　　　　　图 4-30　绘制 R6mm 圆弧

⑦ 在"常用"功能区选项卡中，单击"绘图"功能区面板中的"圆"按钮 ⊙。在左下角设置立即菜单为"圆心_半径"方式，输入圆心坐标"（−32，8）"，然后输入半径"16"，圆线自动绘出，如图 4-31 所示。

⑧ 在"常用"功能区选项卡中，单击"绘图"功能区面板中的"圆"按钮 ⊙，在左下角设置立即菜单为"圆心_半径"方式，输入第一点坐标"（−0，18.5）"，输入第二点坐标"（−34，24）"，然后输入半径"92"，圆线自动绘出，如图 4-32 所示。经过裁剪修改后，如图 4-33 所示。

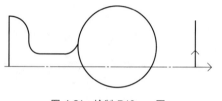 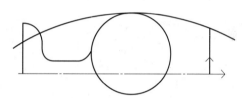

图 4-31　绘制 R16mm 圆　　　　　　　图 4-32　绘制 R92mm 圆

⑨ 在"常用"功能区选项卡中，单击"绘图"功能区面板中的"圆"按钮 ⊙。在左下角设置立即菜单为"圆心_半径"方式，输入圆心坐标"（−32，8）"，然后输入半径"13"，圆线自动绘出，如图 4-34 所示。

 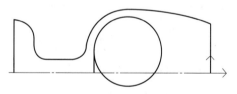

图 4-33　完成 R92mm 圆弧的绘制　　　　图 4-34　绘制 R13mm 圆

⑩ 在"常用"功能区选项卡中，单击"绘图"功能区面板中的"圆"按钮 ⊙。在左下角设置立即菜单为"两点_半径"方式，输入第一点坐标"（−0，15.5）"，输入第二点坐标"（−33.5，21）"，然后输入半径"89"，圆线自动绘出，如图 4-35 所示。经过裁剪修改后，如图 4-36 所示。

⑪ 在"常用"功能区选项卡中，单击"修改"功能区面板中的"镜像"按钮 ⚠。系

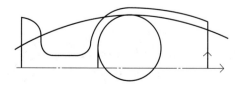 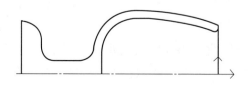

图 4-35　绘制 R89mm 圆　　　　　　　图 4-36　完成 R89mm 圆弧的绘制

统提示拾取要镜像的实体，拾取要镜像图完成后按鼠标右键加以确认。用鼠标拾取一条作为镜像操作的对称轴线，一个以该轴线为对称轴的新图形显示出来，如图 4-37 所示。

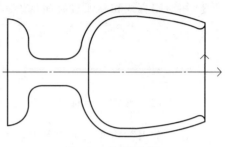

图 4-37　绘制酒杯图

3. 酒杯零件外轮廓粗加工

① 在"数控车"功能区选项卡中，单击"二轴加工"功能区面板中的"车削粗加工"按钮，弹出"车削粗加工"对话框，如图 4-38 所示。加工参数设置：加工表面类型选择"外轮廓"，加工方式选择"等距"，加工角度设为"180"，切削行距设为"0.4"，主偏角干涉角度≤10°，副偏角干涉角度≤72.5°，刀尖半径补偿选择"编程时考虑半径补偿"，拐角过渡方式设为"圆弧"过渡。

单击"车削粗加工"对话框中的刀具参数，如图 4-39 所示，设置副偏角"72.5"，刀具偏置方向为"对中"，对刀点方式为"刀尖圆心"，刀片类型为"球形刀片"。

图 4-38　外轮廓车削粗加工"加工参数"设置

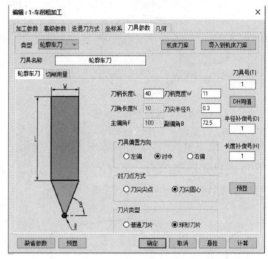

图 4-39　外轮廓车削粗加工"刀具参数"设置

② 参数设置完成后，单击"确定"按钮，采用"单个拾取"方式，拾取被加工轮廓和毛坯，确定进退刀点 A，即可生成加工轨迹，如图 4-40 所示。

③ 在"数控车"功能区选项卡中，单击"仿真"功能区面板中的"仿真"按钮，单击"拾取"按钮，拾取要仿真的加工轨迹，单击"前进"按钮开始仿真。仿真过程中可进行暂停和速度调节操作。如图 4-41 所示为外轮廓粗加工线框仿真。

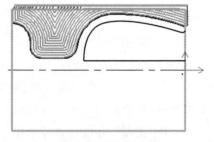

图 4-40　轮廓粗车轨迹

④ 在"数控车"功能区选项卡中，单击"后置处理"功能区面板中的"后置处理"按钮，弹出"后置处理"对话框。在该对话框中，控制系统文件选择"Fanuc"，单击"拾取"按钮，拾取精加工轨迹，然后单击"后置"按钮，弹出"编辑代码"对话框，如图 4-42 所示，生成零件外轮廓粗加工程序。

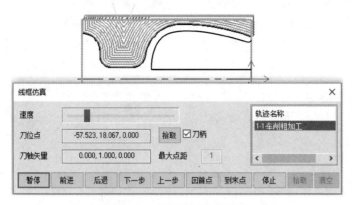

图 4-41 外轮廓粗加工线框仿真

图 4-42 零件外轮廓粗加工程序

4. 酒杯零件内轮廓粗加工

① 绘制加工轮廓和进刀点 A，如图 4-43 所示。

② 在"数控车"功能区选项卡中，单击"二轴加工"功能区面板中的"车削粗加工"按钮，弹出"车削粗加工"对话框，如图 4-44 所示。加工参数设置：加工表面类型选择"内轮廓"，加工方式选择"等距"，加工角度设为"180"，切

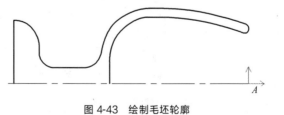

图 4-43 绘制毛坯轮廓

削行距设为"0.8"，主偏角干涉角度≤3°，副偏角干涉角度≤55°，刀尖半径补偿选择"编程时考虑半径补偿"，拐角过渡方式设为"圆弧"过渡。

单击"车削粗加工"对话框中的"刀具参数",如图 4-45 所示,设置主偏角"93",副偏角"55",刀具偏置方向为"左偏",对刀点方式为"刀尖圆心",刀片类型选择"球形刀片"。

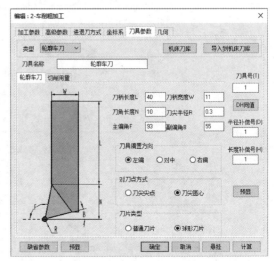

图 4-44　内轮廓车削粗加工"加工参数"设置　　　图 4-45　内轮廓车削粗加工"刀具参数"设置

③ 参数设置完成后,单击"确定"按钮,采用"单个拾取"方式,拾取被加工轮廓和毛坯,确定进退刀点 A,即可生成内轮廓粗加工轨迹,如图 4-46 所示。

5. 外轮廓精加工刀路轨迹

将之前所做粗加工轨迹隐藏掉,在"数控车"功能区选项卡中,单击"二轴加工"功能区面板中的"车削精加工"按钮,弹出"车削精加工"对话框。加工参数设置:加工表面类型选择"外轮廓",反向走刀设为"否",切削行距设为"0.2",主偏角干涉角度要求≤－72.5°,副偏角干涉角度要求≤72.5°,刀尖半径补偿选择"编程时考虑半径补偿",径向余量和轴向余量都设为"0"。

设置主偏角 72.5°,副偏角 72.5°,刀具偏置方向为"对中",对刀点方式为"刀尖圆心",刀片类型选择"球形刀片"。

单击"确定"按钮退出对话框,采用"单个拾取"方式,拾取被加工轮廓,单击右键,拾取进退刀点 A,结果生成零件精加工轨迹,如图 4-47 所示。

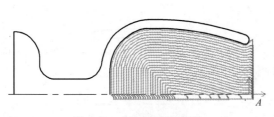

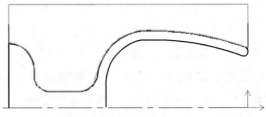

图 4-46　内轮廓粗加工轨迹　　　　　　　图 4-47　外轮廓精加工轨迹

6. 内轮廓精加工刀路轨迹

同理,在"数控车"功能区选项卡中,单击"二轴加工"功能区面板中的"车削精加工"按钮 ![icon]，弹出"车削精加工"对话框。加工参数设置：加工表面类型选择"内轮廓"，设置其他参数。生成的零件内轮廓精加工轨迹如图 4-48 所示。

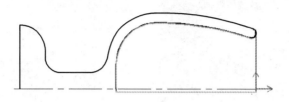

图 4-48　内轮廓精加工轨迹

7. CAXA CAM 数控车 2023 软件的后置处理

程序后置处理是根据所选数控系统配置要求，把加工轨迹转换成 G 代码的数据文件，也就是 CNC 数控程序。

具体过程为：在"数控车"功能区选项卡中，单击"后置处理"功能区面板中的"后置处理"按钮 ![G]，弹出"后置处理"对话框。在该对话框中，控制系统文件选择"Fanuc"，设备配置文件选择"车加工中心_2X_XZ"，单击"拾取"按钮，拾取精加工轨迹，然后单击"后置"按钮，弹出"编辑代码"对话框，如图 4-49 所示，生成酒杯零件外轮廓精加工程序，在此也可以编辑修改加工程序。图 4-50 所示为酒杯零件内轮廓精加工程序。

图 4-49　酒杯零件外轮廓精加工程序　　　图 4-50　酒杯零件内轮廓精加工程序

8. 试加工

将生成的".cnc"文件进行必要的编辑（修改刀具和工件坐标系设置等），上传程序至数控车床，进行试验加工。如图 4-51 所示为最后加工过程，图 4-52 所示为最后加工出来的酒杯实物。

图 4-51　酒杯加工过程　　　　　　　　图 4-52　酒杯实物

四、知识拓展

1. 轨迹编辑

对生成的轨迹不满意时可以用参数修改功能对轨迹的各种参数进行修改，以生成新的加工轨迹。

在绘图区左侧的管理树中，双击轨迹下的加工参数节点，将弹出该轨迹的参数表供用户修改。参数修改完毕单击"确定"按钮，即依据新的参数重新生成该轨迹。

2. 线框仿真

对已有的加工轨迹进行加工过程模拟，以检查加工轨迹的正确性。对系统生成的加工轨迹，仿真时用生成轨迹时的加工参数，即轨迹中记录的参数；对从外部反读进来的刀位轨迹，仿真时用系统当前的加工参数。

轨迹仿真为线框模式，仿真时可调节速度条来控制仿真的速度。仿真时模拟动态的切削过程，不保留刀具在每一个切削位置的图像。

操作步骤：

① 在"数控车"功能区选项卡中，单击"仿真"功能区中的"线框仿真"按钮。

② 拾取要仿真的加工轨迹，此时可使用系统提供的选择拾取工具。

③ 按鼠标右键结束拾取，系统弹出"线框仿真"对话框，按"前进"键开始仿真。仿真过程中可进行暂停、上一步、下一步、终止和速度调节等操作。

④ 仿真结束，可以按"回首点"键重新仿真，或者关闭"线框仿真"对话框终止仿真。

3. 后置处理

生成代码就是按照当前机床类型的配置要求，把已经生成的加工轨迹转化生成 G 代码数据文件，即 CNC 数控程序，有了数控程序就可以直接输入机床进行数控加工。

操作步骤：

① 在"数控车"功能区选项卡中，单击"后置处理"功能区面板中的"后置处理"按钮 **G**，则弹出一个对话框。用户需选择生成的数控程序所适用的数控系统和机床系统信息，它表明目前所调用的机床配置和后置设置情况。

② 拾取加工轨迹。被拾取到的轨迹名称和编号会显示在列表中，鼠标右键结束拾取。

被拾取轨迹的代码将生成在一个文件当中，生成的先后顺序与拾取的先后顺序相同。按"后置"键即可弹出"代码编辑"对话框。

③ 在"代码编辑"对话框中，可以手动修改代码，设定代码文件名称与后缀名，并保存代码。右侧的备注框中可以看到轨迹与代码的相关信息。

任务三　葫芦零件自动编程与仿真加工

一、任务导入

葫芦寓意着健康长寿，因为"葫芦"与"福禄"谐音，具有福禄双全的含义，象征着平安顺遂。完成图 4-53 所示葫芦零件的轮廓设计及外轮廓的粗精加工程序编制。零件材料为铝棒，毛坯为 $\phi50mm$ 的棒料。

二、任务分析

葫芦零件的轮廓线由直线和圆弧所构成，因为刀具角度的原因，不能用一把刀一次性车出整个轮廓，所以完成一次性装夹，用 30°轮廓车刀粗精加工右边外轮廓，然后用 2mm 宽的切槽车刀粗精车左半部分，最后切。

在利用 CAXA CAM 数控车 2023 软件对零件进行数控自动编程加工前，首先要对零件进行加工工艺分析，正确划分加工工序，选择合适的加工刀具，设置相应的切削参数，确定加工路线和刀具轨迹，以保证零件的加工效率和加工质量。

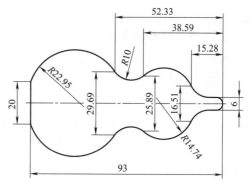

图 4-53　葫芦零件尺寸图

1. 确定毛坯及装夹方式

根据零件图选择毛坯为 $\phi50mm\times150mm$ 的圆棒料，材料为 45 钢。该零件为实心轴类零件，使用普通三爪卡盘夹紧工件，并且轴的伸出长度适中（120mm）。以工件的圆弧右端点为工件原点建立编程坐标系。

2. 确定数控刀具及切削用量

根据葫芦零件特殊外轮廓的加工要求，选择刀具及切削用量，如表 4-1 所示。

表 4-1　外轮廓加工的刀具及切削用量

加工内容	刀具规格	刀具及刀补号	主轴转速 /(r/min)	进给速度 /(mm/r)
外轮廓的粗加工	主偏角 F 为 93°的硬质合金车刀	T0101	1000	0.2
外轮廓的精加工	主偏角 F 为 93°、副偏角 B 为 55°的外圆精车刀	T0202	1200	0.1
切断刀	宽 2mm	T0303	800	0.1

三、任务实施

1. 绘制加工轮廓及创建毛坯

在 CAXA CAM 数控车 2023 软件中对加工对象进行轮廓建模时，需要同时给出毛坯和加工对象的外轮廓，轮廓的建模可以通过 CAXA CAM 数控车 2023 软件直接绘制或者利用 AutoCAD 中 dxf 图形文件的导入来实现。无论是采用直接绘图还是间接导入的方式，都只需要画出零件的加工轨迹轮廓，不需要画出完整的零件图，且无须考虑最后切断的加工长度和直径方向的余量，直接按照葫芦的外轮廓最终尺寸进行绘制。

绘制葫芦的加工外轮廓。在"数控车"功能区选项卡中，点击创建毛坯图标弹出对话框，选择圆柱环毛坯，输入高度 97，半径 26，单击"确定"退出对话框，完成圆柱体毛坯创建，如图 4-54 所示。

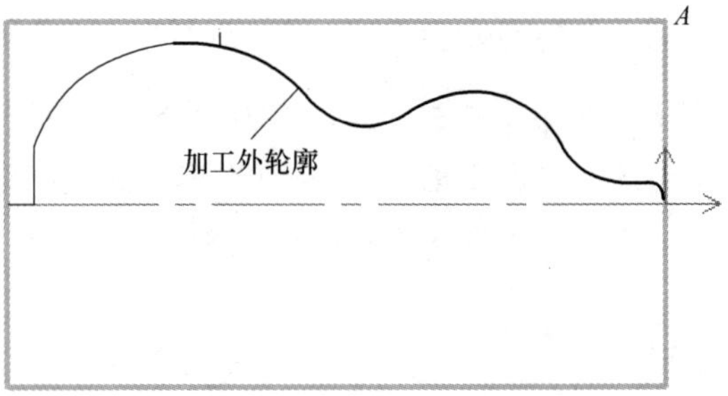

2. 右端外轮廓粗车加工

根据加工工艺中先粗后精的加工原则，首先对葫芦的外轮廓进行粗车加工。

图 4-54　绘制葫芦的加工外轮廓及创建毛坯

① 在"数控车"功能区选项卡中，单击"二轴加工"功能区面板中的"车削粗加工"按钮，弹出"车削粗加工"对话框，如图 4-55 所示。加工参数设置：加工表面类型选择"外轮廓"，加工方式选择"行切"，加工角度设为"180"，切削行距设为"0.5"，主偏角干涉角度要求小于 3°，副偏角干涉角度设为"55"，刀尖半径补偿选择"编程时考虑半径补偿"。

② 选择轮廓车刀，刀尖半径设为"0.3"，主偏角"93"，副偏角"55"，刀具偏置方向为"左偏"，对刀点为"刀尖圆心"，刀片类型为"球形刀片"，如图 4-56 所示。

图 4-55　车削粗加工"加工参数"设置

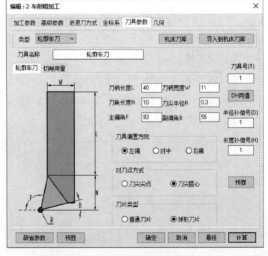

图 4-56　车削粗加工"刀具参数"设置

③ 单击"确定"按钮退出对话框,采用"单个拾取"方式,拾取被加工轮廓,拾取进退刀点 A,结果生成葫芦零件外轮廓粗加工轨迹,如图 4-57 所示。

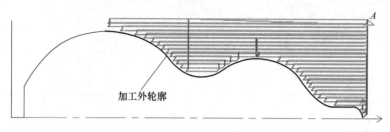

图 4-57　拾取毛坯轮廓

④ 在"数控车"功能区选项卡中,单击"仿真"功能区面板中的"线框仿真"按钮,弹出"线框仿真"对话框,如图 4-58 所示。单击"拾取"按钮,拾取加工轨迹,单击右键结束加工轨迹拾取,单击"前进"按钮,开始仿真加工过程。通过轨迹仿真,观察刀具走刀路线以及是否存在干涉及过切现象。

⑤ 在"数控车"功能区选项卡中,单击"后置处理"功能区面板中的"后置处理"按钮 G,弹出"后置处理"对话框。在该对话框中,控制系统文件选择"Fanuc",单击"拾取"按钮,拾取加工轨迹,然后单击"后置"按钮,弹出"编辑代码"对话框,如图 4-59 所示,生成葫芦零件外轮廓粗加工程序,在此也可以编辑修改加工程序。

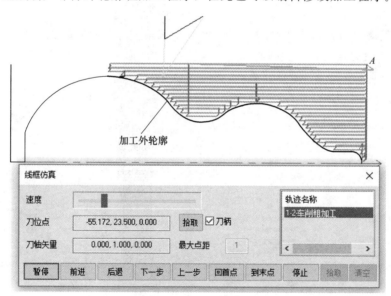

图 4-58　葫芦零件外轮廓粗加工轨迹仿真

3. 右端外轮廓精车加工

外轮廓的精车与粗车设置相似,只是将加工参数适当改变,其余采用系统默认设置。

① 在"数控车"功能区选项卡中,单击"二轴加工"功能区面板中的"车削精加工"按钮,弹出"车削精加工"对话框,如图 4-60 所示。加工参数设置:加工表面类型选择"外轮廓",反向走刀设为"否",切削行距设为"0.3",主偏角干涉角度要求小于 3°,副偏角干涉角度设为"57",刀尖半径补偿选择"编程时考虑半径补偿"。径向余量和轴向

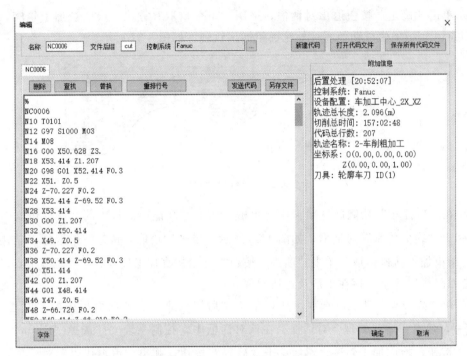

图 4-59 葫芦零件外轮廓粗加工程序

余量都设为"0"。

② 选择轮廓车刀,刀尖半径设为"0.2",主偏角"93",副偏角"57",刀具偏置方向为"左偏",对刀点为"刀尖圆心",刀片类型为"球形刀片",如图 4-61 所示。

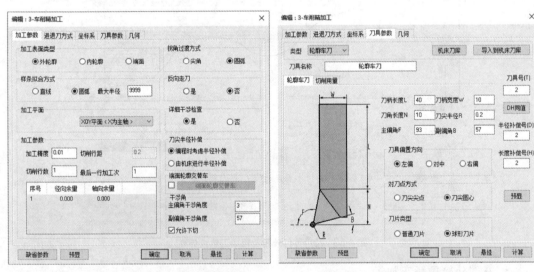

图 4-60 车削精加工"加工参数"设置　　图 4-61 车削精加工"刀具参数"设置

③ 单击"确定"按钮退出对话框,采用"单个拾取"方式,拾取被加工轮廓,单击右键,拾取进退刀点 A,结果生成葫芦零件外轮廓精加工轨迹,如图 4-62 所示。

④ 在"数控车"功能区选项卡中,单击"仿真"功能区面板中的"线框仿真"按钮,弹出"线框仿真"对话框,如图 4-63 所示。单击"拾取"按钮,拾取精加工轨迹,

单击右键结束加工轨迹拾取,单击"前进"按钮,开始仿真加工过程。

⑤ 在"数控车"功能区选项卡中,单击"后置处理"功能区面板中的"后置处理"按钮 G,弹出"后置处理"对话框。在该对话框中,控制系统文件选择"Fanuc",单击"拾取"按钮,拾取精加工轨迹,然后单击"后置"按钮,弹出

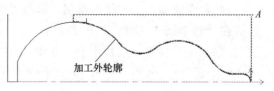

图 4-62　葫芦零件外轮廓精加工轨迹

"编辑代码"对话框,如图 4-64 所示,生成葫芦零件外轮廓精加工程序。

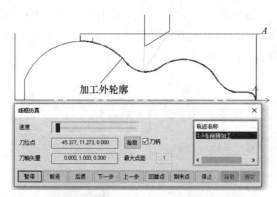

图 4-63　葫芦零件外轮廓精加工轨迹仿真

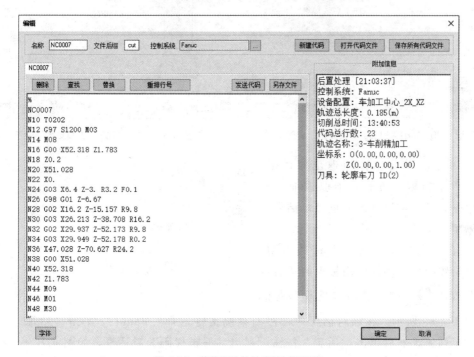

图 4-64　葫芦零件外轮廓精加工程序

4. 左端外轮廓车削槽粗加工

① 在"常用"功能区选项卡中,单击"绘图"功能区面板中的"直线"按钮,在立即菜单中,选择"两点线、连续、正交"方式,捕捉 $R24$ mm 圆弧上顶点,向右绘制

4mm，向上绘制 5mm 到 A 点，捕捉左边中心线的点，向左边延长 4mm，向上绘制 28mm 竖线，完成加工轮廓线的绘制，结果如图 4-65 所示。

② 在"数控车"功能区选项卡中，单击"二轴加工"功能区面板中的"车削槽加工"按钮 ，弹出"车削槽加工"对话框，如图 4-66 所示。加工参数设置：切槽表面类型选择"外轮廓"，加工方向选择"纵深"，加工余量设为"0.2"，切

图 4-65 绘制切槽加工轮廓线

深行距设为"1"，退刀距离设为"1.5"，刀尖半径补偿选择"编程时考虑半径补偿"。

③ 选择刀刃宽度 3mm 的切槽车刀，刀尖半径设为"0.1"，刀具位置设为"5"，编程刀位为"前刀尖"，如图 4-67 所示。

图 4-66 车削槽加工"加工参数"设置

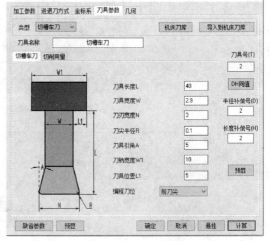

图 4-67 车削槽加工"刀具参数"设置

④ 单击"确定"按钮退出对话框，采用"单个拾取"方式，拾取被加工轮廓，单击右键，拾取进退刀点 A，结果生成切槽粗加工轨迹，如图 4-68 所示。

⑤ 在"数控车"功能区选项卡中，单击"后置处理"功能区面板中的"后置处理"按钮 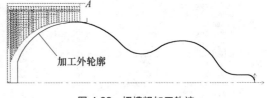，弹出"后置处理"对话

图 4-68 切槽粗加工轨迹

框，如图 4-69 所示。在该对话框中，控制系统文件选择"Fanuc"，单击"拾取"按钮，拾取加工轨迹，然后单击"后置"按钮，弹出"编辑代码"对话框，如图 4-70 所示，生成切槽粗加工程序。

5. 左端外轮廓车削槽精加工

① 在"数控车"选项卡中，单击"二轴加工"功能区面板中的"车削槽加工"按钮，弹出"车削槽加工"对话框，如图 4-71 所示。加工参数设置：切槽表面类型选择

"外轮廓",加工方向选择"纵深",加工余量设为"0",切削行距设为"0.1",退刀距离设为"4",刀尖半径补偿选择"编程时考虑半径补偿"。

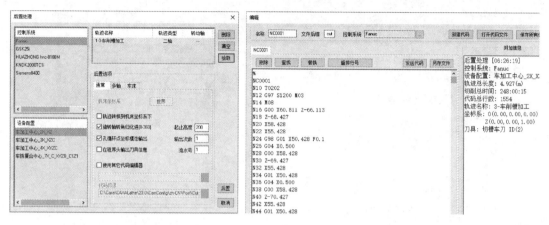

图 4-69 后置处理设置　　　　　　图 4-70 切槽粗加工程序

② 选择刀刃宽度 3mm 的切槽车刀,刀尖半径设为"0.2",刀具位置设为"5",编程刀位为"前刀尖"。

③ 单击"确定"按钮退出对话框,采用"单个拾取"方式,拾取被加工轮廓,单击右键,拾取进退刀点 A,结果生成切槽精加工轨迹,如图 4-72 所示。

④ 在"数控车"功能区选项卡中,单击"后置处理"功能区面板中的"后置处理"按钮 G,弹出"后置处理"对话框。在该对话框中,控制系统文件选择"Fanuc",单击"拾取"按钮,拾取加工轨迹,然后单击"后置"按钮,弹出"编辑代码"对话框,如图 4-73 所示,生成切槽精加工程序。

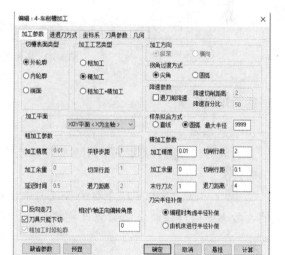

图 4-71 "加工参数"设置

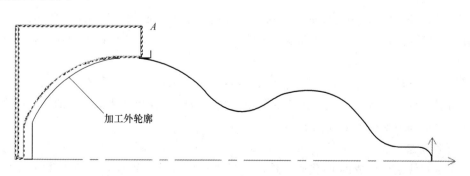

图 4-72 切槽精加工轨迹

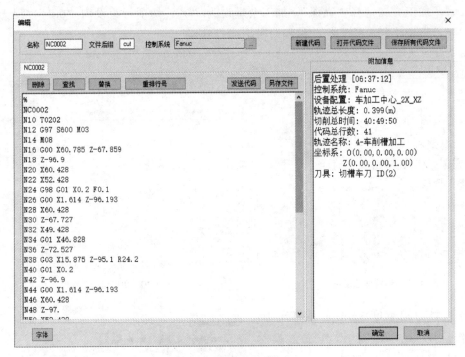

图 4-73 切槽精加工程序

四、知识拓展

1. 轨迹编辑

对生成的轨迹不满意时可以用参数修改功能对轨迹的各种参数进行修改,以生成新的加工轨迹。

① 操作步骤。在绘图区左侧的管理树中,双击轨迹下的加工参数节点,将弹出该轨迹的参数表供用户修改。参数修改完毕单击"确定"按钮,即依据新的参数重新生成该轨迹。

② 轮廓拾取工具。由于在生成轨迹时经常需要拾取轮廓,轮廓拾取工具提供三种拾取方式:单个拾取、链拾取和限制链拾取。其中:

"单个拾取"需用户挨个拾取需批量处理的各条曲线。适合于曲线条数不多且不适合"链拾取"的情形。

"链拾取"需用户指定起始曲线及链搜索方向,系统按起始曲线及搜索方向自动寻找所有首尾搭接的曲线。适合于需批量处理的曲线数目较大且无两根以上曲线搭接在一起的情形。

"限制链拾取"需用户指定起始曲线、搜索方向和限制曲线,系统按起始曲线及搜索方向自动寻找首尾搭接的曲线至指定的限制曲线。适用于避开有两根以上曲线搭接在一起的情形,以正确地拾取所需要的曲线。

2. 反读轨迹

反读轨迹就是把生成的 G 代码文件反读进来,生成刀具轨迹,以检查生成的 G 代码的正确性。如果反读的刀位文件中包含圆弧插补,需用户指定相应的圆弧插补格式,否则可能得到错误的结果。若后置文件中的坐标输出格式为整数，且机床分辨率不为 1 时，反读的结果是不对的。即系统不能读取坐标格式为整数且分辨率为非 1 的情况。

① 操作步骤。在"数控车"功能区选项卡中选取"反读轨迹"功能项，则弹出一个需要用户选取数控程序的对话框。系统要求用户选取需要校对的 G 代码程序。拾取到要校对的数控程序后，系统根据程序 G 代码立即生成刀具轨迹。

② 注意事项。刀位校核只用来进行对 G 代码的正确性进行检验，由于精度等方面的原因，用户应避免将反读出的刀位重新输出，因为系统无法保证其精度。

校对刀具轨迹时，如果存在圆弧插补，则系统要求选择圆心的坐标编程方式，其含义可参考后置设置中的说明。用户应正确选择对应的形式，否则会导致错误。

项目小结

二维工艺品类零件一般由工艺品设计人员手工绘制，由复杂的不规则曲线构成。当使用数控车床进行加工时，由于计算量较大，编程比较困难。利用 CAXA CAM 数控车 2023 软件进行轮廓设计、仿真模拟到最终生成程序代码的自动编程，可以突破手工编程的局限性，避免手工编程时烦琐的节点计算工作，提高工作效率及质量。本项目以采用生活工艺品进行原型设计的工艺品零件加工为例，主要讲述非圆曲线形成的曲面零件的编程与仿真加工，目的是提高学生的专业兴趣和学习热情，使其主动学习。

思考与练习

一、填空题

1. 由机床进行半径补偿，在生成加工轨迹时，假设刀尖半径为 0，按（　　）编程，不进行刀尖半径补偿计算。所生成代码在用于实际加工时，应根据（　　）由机床指定补偿值。

2. 反向走刀时选择"否"，是指刀具按默认方向走刀，即刀具从 Z 轴（　　）向向 Z 轴（　　）向移动。

3. 用户可根据需要来控制加工精度。对轮廓中的直线和圆弧，机床可以精确地加工；对由样条曲线组成的轮廓，系统将按给定的精度，把样条转化成（　　）段来满足用户所需的加工精度。

4. 车槽功能用于在工件（　　）表面、（　　）表面和（　　）面切槽。切槽时要确定被加工轮廓。被加工轮廓就是加工结束后的（　　）轮廓。被加工轮廓不能（　　）或（　　）。

5. 切槽加工参数表中主要包括（　　）、（　　）和（　　）。

6. 切深步距指粗车槽时，刀具每一次（　　）向切槽的切入量，[机床（　　）轴方向]。

二、选择题

1. 编程时考虑半径补偿是指（　　）。

A. 生成加工轨迹时，假设刀尖半径为 0，按轮廓编程，不进行刀尖半径补偿计算

B. 所生成代码用于实际加工时，应根据实际刀尖半径由机床指定补偿值

C. 所生成代码即为已考虑半径的代码，无须机床再进行刀尖半径补偿

2. 参数修改功能（　　）。

A. 与代码修改是一样的　　　　　B. 与采用主菜单中的撤销图标 是一样的

C. 双击左侧管理树中的"加工参数"，在弹出的对话框中修改，被修改的参数执行修改后的新参数

3. 轮廓精车时，（　　）。

A. 要确定被加工轮廓和毛坯轮廓　　　B. 被加工轮廓加工结束后还要继续加工

C. 被加工轮廓不能闭合或自相交

4. 精加工表面类型有（　　）。

A. 外轮廓和内轮廓　　　B. 外轮廓、内轮廓和端面

C. 内轮廓和端面

5. 干涉前角是（　　）。

A. 避免加工正锥时出现刀具底面与工件干涉

B. 避免加工反锥时出现前刀面与工件干涉

C. 拐角过渡方式

6. 反向走刀是（　　）。

A. 刀具按默认方向走刀　　　B. 刀具从 Z 轴正向向 Z 轴负向移动

C. 刀具按默认方向相反的方向走刀

7. 切槽加工工艺类型为（　　）。

A. 粗加工或精加工　　　B. 粗加工＋精加工

C. 以上都包括

8. 粗车槽时，刀具每一次纵向切槽的切入量为（　　）。

A. 水平步距　　　B. 切深步距

C. 退刀距离

9. 槽加工刀位轨迹的加工行数为（　　）。

A. 末行加工次数　　　B. 切削行距

C. 切削行数

10. 当状态栏提示用户选择轮廓线时，分别拾取凹槽的左边和右边，凹槽部分就变成红色虚线，则这种拾取方法为（　　）。

A. 单个链拾取　　　B. 限制链拾取

C. 链拾取

11. 车螺纹为（　　）方式加工螺纹。

A. 非固定循环

B. 固定循环

C. 西门子 840C/840 控制器

三、判断题

1. 轮廓粗车拾取被加工工件表面轮廓线的操作中，采用"链拾取"会将被加工轮廓和毛坯轮廓混在一起。（　　）

2. 在使用轮廓精车前一定要先建立毛坯轮廓，从而才能确定加工余量。（　　）

3. 由于切槽加工属于"粗加工＋精加工"，故被加工轮廓必须是闭合的。（　　）

4. 切槽轨迹与切槽车刀的刀角半径、刀刃宽度等参数是密切相关的。（　　）

5. 车加工中的钻孔位置只能是工件的旋转中心。（　　）

四、简答题

1. 螺纹加工中的非固定循环和固定循环两种方式有什么不同？

2. CAXA CAM 数控车 2023 软件能实现哪些加工？

3. CAXA CAM 数控车 2023 软件的主要特点是什么？

五、作图题

1. 工艺品葫芦零件尺寸如图 4-74 所示，利用 CAXA CAM 数控车 2023 软件设计出所要加工的葫芦，并进行数控车模拟加工，生成加工程序。

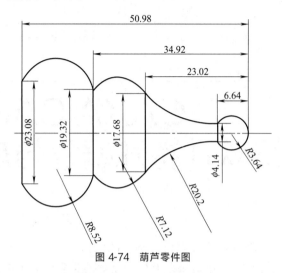

图 4-74　葫芦零件图

2. 零件尺寸如图 4-75 所示，利用 CAXA CAM 数控车 2023 软件设计出国际象棋"兵"，并进行数控车模拟加工，生成加工程序。

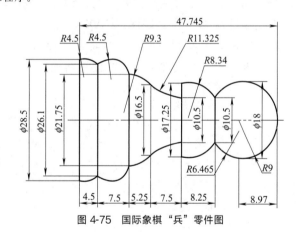

图 4-75　国际象棋"兵"零件图

项目五

CAXA CAM数控车 2023软件特殊编程与加工方法

CAXA CAM 数控车 2023 软件是北航海尔有限公司在 CAM 领域经过多年的深入研究和总结,并对中国数控加工技术和国际先进技术完全消化和吸收的基础上,推出的在操作上"贴近中国用户"、在技术上符合"国际技术水准"的最新 CAM 操作软件,在机械、电子、航空、航天、汽车、船舶、军工、建筑、轻工及纺织等领域得到广泛的应用,以高速度、高精度、高效率等优越性获得一致的好评。CAXA CAM 数控车 2023 软件主要面向 2 轴数控车床和数车加工中心,具有优越的工艺性能。CAXA CAM 数控车 2023 软件新增加了毛坯创建、实体仿真、异形螺纹加工、等截面粗精加工、端面区域加工、端面轮廓精加工等功能,对原有功能也进行了增强和优化。

❋ 育人目标 ❋

- 通过使用多轴机床,对零件进行编程与仿真加工,引导学生树立高远志向,历练敢于担当、不懈奋斗的精神,具有勇于奋斗的精神状态、乐观向上的人生态度,做到刚健有为、自强不息。

- 培养学生敬业、精益、专注、创新的大国工匠精神。激发学生的学习兴趣,充分发挥学生学习的积极性和主动性,强化学生工程伦理教育。

❋ 技能目标 ❋

- 掌握异形螺纹加工方法。
- 掌握等截面粗精加工方法。
- 掌握径向 G01 钻孔方法和端面 G01 钻孔方法。
- 掌握埋入式键槽加工方法和开放式键槽加工方法。
- 掌握端面区域粗加工方法和端面轮廓精加工方法。
- 培养学生空间思维能力和创新思维能力。

任务一 椭圆牙形异形螺纹的编程与加工

一、任务导入

螺纹类型常见的有60°三角螺纹、30°梯形螺纹、40°蜗杆等，数控车床加工以上螺纹也是用成形刀。对于异形螺纹（牙形为特殊形状），如正弦线螺纹等三角函数异形螺纹，圆弧螺纹、抛物线螺纹等二次函数曲线螺纹除采用成形刀加工外，还可以采用尖刀。本任务主要完成图5-1所示的椭圆牙形的异形螺纹加工。

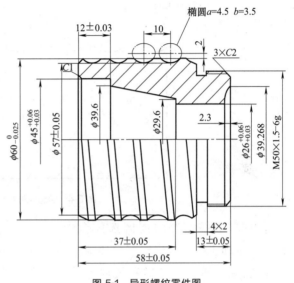

图 5-1 异形螺纹零件图

二、任务分析

对于椭圆牙型的异形螺纹，椭圆长半轴为4.5mm，短半轴为3.5mm，方程式为 $z^2/4.5^2 + x^2/3.5^2 = 1$。建立椭圆坐标系。由 A 到原心 O 点的 X 距离为"-2"，可以得到椭圆 O 的相关参数为：起点 $=3.693$，终点 $=-3.693$，椭圆原点相对工件原点坐标为"$(-14.83，32)$"。

该零件异形螺纹部分加工螺距为10mm，切削时刀具所受阻力较大，因此对机床和刀具要求较高，很容易在低速切削过程中，造成"闷车"或"扎刀"现象。在加工过程中，外圆 X 向余量通过磨耗的调整，分三次加工（总加工余量为3mm，第一次加工1.6mm，第二次加工1mm，第三次加工0.4mm），第三次考虑进刀加工，调小步距，减小表面粗糙度值。刀具选用刀尖角为35°的外圆刀或刀尖角为55°的外圆刀。

三、任务实施

① 双击桌面的图标 ![icon]，启动CAXA CAM 数控车2023 软件。

② 单击"绘图"功能区面板中的"直线"按钮 ![icon]，绘制图5-2所示的图形。

③ 在"常用"功能区选项卡中，单击"修改"功能区面板中的"平移复制"按钮 ![icon]，单击选择椭圆，按空格键在点工具菜单中选择"交点"，单击捕捉椭圆中心交点，然后单击捕捉左面四个椭圆中心交点。复制完成如图5-3所示。

④ 在"常用"功能区选项卡中，单击"修改"功能区面板中的"裁剪"按钮 ![icon]。然后单击四个椭圆上要裁剪的部分，裁剪后如图5-4所示。

图 5-2 绘制外轮廓   图 5-3 绘制四个椭圆

图 5-4 绘制异形螺纹轮廓

⑤ 在"数控车"功能区选项卡中,单击"二轴加工"面板中的"异形螺纹加工"按钮 ,弹出"异形螺纹加工"对话框,如图 5-5 所示。设置螺纹加工参数:螺纹类型为"外螺纹",选择"粗加工+精加工",螺距为"10",加工精度"0.01",径向层高"0.2",轴向进给"0.1",加工余量"0.1",退刀距离"10"。分别拾取螺纹的起始点,单击拾取起点 A,拾取终点 B。

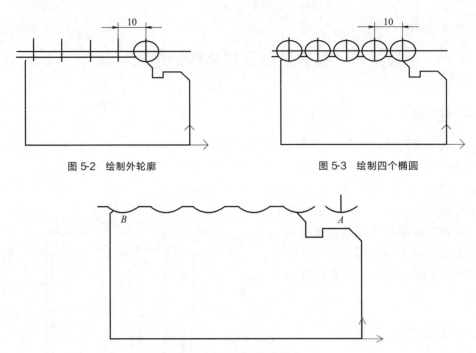

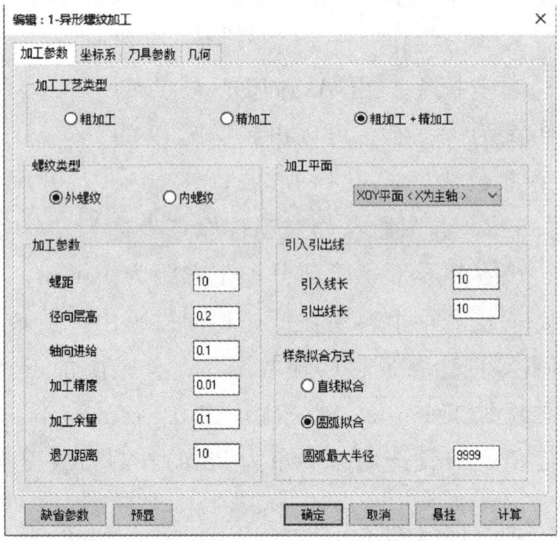

选择合适的切槽车刀,设置刀刃宽 1mm、刀尖半径 $R0.1mm$ 的切槽车刀,刀具宽度 0.8mm。

图 5-5 异形螺纹加工"加工参数"设置

设置切削用量:进刀量"0.10mm/r",选择恒转速,主轴转速设为"500r/min"。

⑥ 参数填写完毕,单击"确定"按钮退出对话框,采用"单个拾取"方式,拾取牙形曲线,生成异形螺纹加工轨迹,如图 5-6 所示。

⑦ 在"数控车"功能区选项卡中单击"后置处理"面板中的"后置处理"按钮 ,弹出"后置处理"对话框,如图 5-7 所示。在该对话框中,控制系统文件选择"Fanuc",机床配置文件选择"数控车床_2X_XZ",单击"拾取"按钮,拾取加工轨迹,然后单击"后置"按钮,弹出"编辑代码"对话框,生成异形螺纹加工程序,如图 5-8 所示。

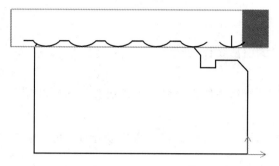

图 5-6 异形螺纹加工轨迹

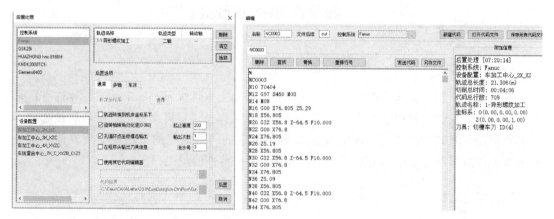

图 5-7 "后置处理"对话框　　　　　图 5-8 异形螺纹加工程序

四、知识拓展

异形螺纹区别于普通螺纹。异形螺纹是指螺纹的外轮廓、牙形等形状比较特殊的螺纹，如在圆柱面、圆弧面和非圆曲面上的异形螺纹。异形螺纹的牙形有三角形、矩形、梯形、圆弧形和圆锥曲线形（椭圆、抛物线、双曲线）等。

异形螺纹的加工参数主要包含了与螺纹性质相关的参数。螺纹起点和终点坐标来自前一步的拾取结果，用户也可以进行修改。

① 加工工艺类型：选择异形螺纹加工的加工工艺类型为粗加工类型、精加工类型或者粗加工＋精加工类型。

② 螺纹类型：选择使用内螺纹加工的螺纹类型或者使用外螺纹加工的螺纹类型。

③ 加工平面：加工平面类型，这里默认并且只能选择 XOY 平面＜X 为主轴＞。

④ 加工参数。

螺距：异形螺纹加工的螺纹的螺距。

径向层高：异形螺纹加工的径向层高。

轴向进给：异形螺纹加工的轴向进给。

加工精度：加工时的加工精度，数值越小，精度越高。

加工余量：加工时的加工余量，数值越大，余量越大。

退刀距离：加工时退刀的距离。

⑤ 引入引出线。

引入线长：加工时的引入线长。

引出线长：加工时的引出线长。

⑥ 样条拟合方式。

直线拟合：选择加工时样条拟合方式为直线拟合。圆弧拟合：选择加工时样条拟合方式为圆弧拟合。

圆弧最大半径：当选择样条拟合方式为圆弧拟合时，可以输入圆弧的最大半径。

任务二　椭圆面零件等截面粗加工

一、任务导入

数控车床一般加工圆柱类零件，而这种椭圆柱面类零件少见。加工椭圆柱零件可以采用数控系统中提供的宏程序功能，大大减轻编程的工作量，对提高加工效率和质量起到了一定的作用，但 CAXA CAM 数控车 2023 软件提供的等截面粗加工功能更为方便。本任务采用等截面粗加工功能来编写图 5-9 所示的椭圆柱零件的加工程序。

二、任务分析

如图 5-9 所示的零件，右面长度为 46mm 的一段外表面为椭圆面，椭圆长半轴为 30mm，短半轴为 20mm，方程式为 $z^2/30^2 + x^2/20^2 = 1$。在右端面中心建立工件坐标系。

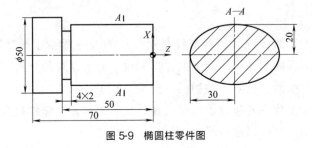

图 5-9　椭圆柱零件图

三、任务实施

① 绘制图 5-10 所示的椭圆柱零件视图。

② 在"数控车"功能区选项卡中，单击"C 轴加工"功能区面板中的"等截面粗加工"按钮，弹出"等截面粗加工"对话框，如图 5-11 所示。加工参数设置：加工精度"0.1"，行距"2"，毛坯直径为"90"，层高"2"，加工方式选择"往复"，加工。

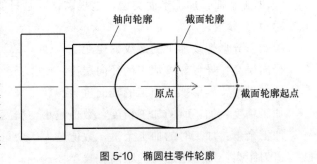

图 5-10　椭圆柱零件轮廓

| 项目五　CAXA CAM 数控车 2023 软件特殊编程与加工方法 | 137

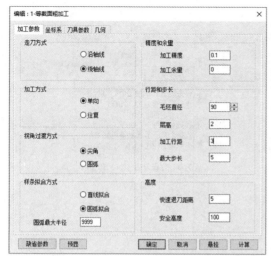

图 5-11　等截面粗加工"加工参数"设置

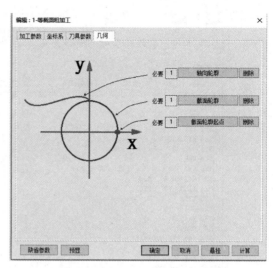

图 5-12　等截面粗加工"几何"参数设置

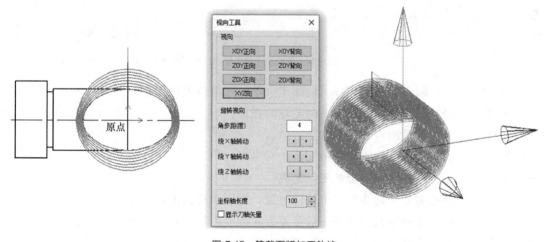

图 5-13　等截面粗加工轨迹

③ 设置几何参数，单击拾取轴向轮廓，拾取截面轮廓，拾取截面轮廓起点，如图 5-12 所示。

④ 选择 ϕ10mm 的球形车刀，单击"确认"按钮，生成如图 5-13 所示的等截面粗加工轨迹。

⑤ 在"数控车"功能区选项卡中，单击"后置处理"功能区面板中的"后置处理"按钮 G，弹出"后置处理"对话框。在该对话框中，控制系统文件选择"车加工中心_4x_XYZC"，单击"拾取"按钮，拾取精加工轨迹，然后单击"后置"按钮，弹出"编辑代码"对话框，如图 5-14 所示，生成等截面粗加工程序。

四、知识拓展

等截面粗加工参数说明如下。

① 加工精度：限定等截面粗加工的加工精度，数值越小，精度越高。

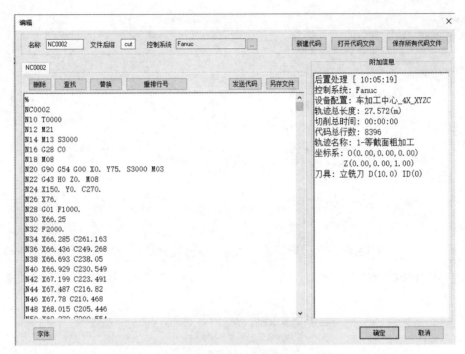

图 5-14 等截面粗加工程序

② 加工余量：限定等截面粗加工的加工余量，数值越大，余量越大。
③ 毛坯直径：限定等截面粗加工的毛坯的直径。
④ 加工行距：等截面粗加工的加工行距。
⑤ 最大步长：等截面粗加工的最大步长。
⑥ 层高：刀触点法线方向上的层间距离。
⑦ 安全高度：刀具在此高度以上任何位置，均不会碰伤工件和夹具。
⑧ 走刀方式：选择等截面粗加工的走刀方式是沿轴线走刀或者绕轴线走刀。
⑨ 加工方式：选择等截面粗加工的加工方式是往复或者单向。
⑩ 拐角过渡方式：选择等截面粗加工的拐角过渡方式是尖角过渡或者圆弧过渡。

任务三　椭圆面零件等截面精加工

一、任务导入

本任务采用 CAXA CAM 数控车 2023 软件等截面精加工功能来编写图 5-15 所示的椭圆柱零件的加工程序。

二、任务分析

如图 5-15 所示的零件，右面长度为 46mm 的一段外表面为椭圆面，椭圆长半轴为 30mm，短半轴为 20mm，方程式为 $z^2/30^2+x^2/20^2=1$。在右端面中心建立工件坐标系。

| 项目五 CAXA CAM 数控车 2023 软件特殊编程与加工方法 | 139

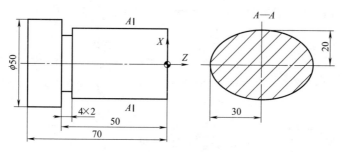

图 5-15 椭圆柱零件图

三、任务实施

① 绘制图 5-16 所示的椭圆柱零件视图。

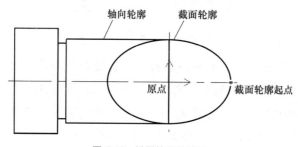

图 5-16 椭圆柱零件轮廓

② 在"数控车"功能区选项卡中,单击"C轴加工"功能区面板中的"等截面精加工"按钮 ,弹出"等截面精加工"对话框,如图 5-17 所示。加工参数设置:加工精度"0.01",行距"2",加工方式选择"环切"。

③ 设置几何参数,单击拾取截面左视图中心点,拾取截面左视图加工轮廓起点,拾取截面左视图加工轮廓线,拾取主视图加工轮廓线,然后选方向,如图 5-18 所示。

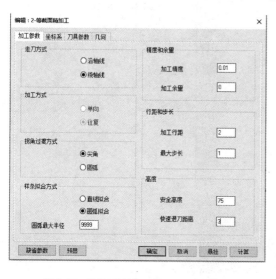

图 5-17 等截面精加工"加工参数"设置

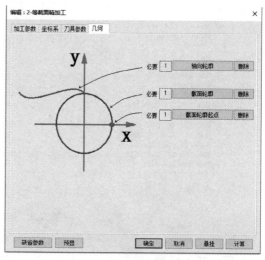

图 5-18 等截面精加工"几何"参数设置

④ 选择φ10mm的球形车刀，单击"确认"按钮，生成图5-19所示的等截面精加工轨迹。

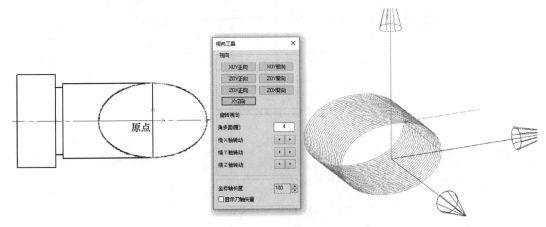

图5-19 等截面精加工轨迹

⑤ 在"数控车"功能区选项卡中，单击"后置处理"功能区面板中的"后置处理"按钮 G，弹出"后置处理"对话框。在该对话框中，控制系统文件选择"车加工中心_4x_XYZC"，单击"拾取"按钮，拾取精加工轨迹，然后单击"后置"按钮，弹出"编辑代码"对话框，如图5-20所示，生成等截面精加工程序。

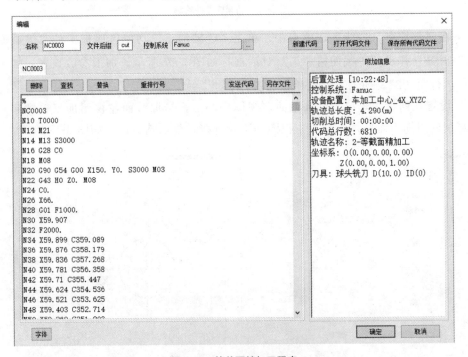

图5-20 等截面精加工程序

四、知识拓展

等截面精加工参数说明如下。

① 走刀方式：选择等截面精加工的走刀方式是沿轴线走刀或者绕轴线走刀。
② 加工方式：选择等截面精加工的加工方式是往复或者单向。
③ 加工余量：限定等截面精加工的加工余量，数值越大，余量越大。
④ 加工行距：等截面精加工的加工行距。
⑤ 最大步长：等截面精加工的最大步长。
⑥ 快速退刀距离：加工时快速退刀的距离。
⑦ 拐角过渡方式：选择等截面精加工的拐角过渡方式是尖角过渡或者圆弧过渡。

任务四 圆柱面径向 G01 钻孔加工

一、任务导入

为了提高复杂异形产品的加工效率和加工精度，工艺人员一直在寻求更为高效精密的加工工艺方法。车铣复合加工设备的出现为提高航空航天零件的加工精度和加工效率提供了一种有效解决方案。数控车铣复合机床是复合加工机床的一种主要机型，通常在数控车床上实现平面铣削、钻孔、攻螺纹、铣槽等铣削加工工序，具有车削、铣削以及镗削等复合功能，能够实现一次装夹、全部完成的加工理念。圆柱面径向钻孔只能采用这种车铣复合中心设备，而普通数控车床不能加工。本任务采用圆柱面径向 G01 钻孔加工功能来编写图 5-21 所示四棱柱零件的径向钻孔加工程序。

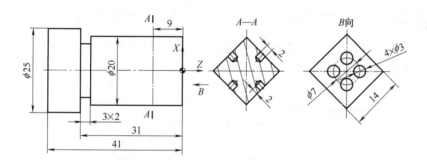

图 5-21 四棱柱轴零件图

二、任务分析

采用圆柱面径向 G01 钻孔加工功能来编写如图 5-21 所示的四棱柱轴零件的径向钻孔加工程序。

三、任务实施

① 绘制如图 5-22 所示的断面图，在工件右端面中心建立工件坐标系，绘制钻孔下刀点位置。

② 在"数控车"功能区选项卡中，单击"C 轴加工"功能区面板中的"G01 钻孔"

按钮 , 弹出"G01 钻孔"对话框,选择径向钻孔类型,如图 5-23 所示。每次深度"1"。

③ 在"几何"页面中,单击"拾取",拾取侧视图中下刀点 A,单击 1 号孔,修改孔深值为 2,孔点 Z 值为 -9,同理拾取并修改其他孔位置信息,如图 5-24 所示。

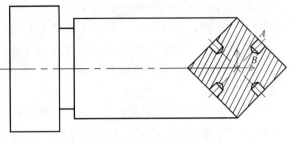

图 5-22 绘制零件轮廓图和断面图

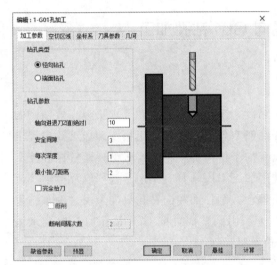

图 5-23 径向 G01 钻孔"加工参数"设置

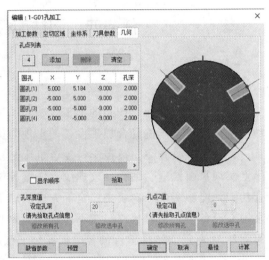

图 5-24 径向 G01 钻孔"几何"参数设置

④ 选择 ϕ2mm 的钻头,切削速度"S800",单击"确定"按钮退出参数设置对话框,生成径向 G01 钻孔加工轨迹,如图 5-25 所示。

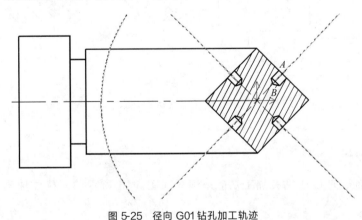

图 5-25 径向 G01 钻孔加工轨迹

⑤ 在"数控车"功能区选项卡中,单击"后置处理"面板中的"后置处理"按钮 ![G],弹出"后置处理"对话框。在该对话框中,控制系统文件选择"Fanuc",机床配置文件选择"车加工中心_4x_XYZC",单击"拾取"按钮,分别拾取四个钻孔加工轨迹,然后单击"后置"按钮,生成如图 5-26 所示的径向 G01 钻孔加工程序。

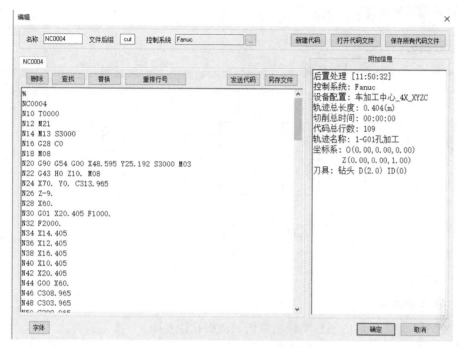

图 5-26　径向 G01 钻孔加工程序

四、知识拓展

采用径向钻孔，此时刀轴垂直于 Z 轴，刀轴所在直线经过 Z 轴。

径向 G01 钻孔加工参数说明如下。

① 轴向进退刀 Z 值（绝对）：刀具加工起始点的相对于 Z 轴的轴向偏移量。

② 安全间隙：加工时，刀具与工件之间的安全间隙。

③ 每次深度：每次下刀的深度。

④ 最小抬刀距离：每次下刀加工后的最小抬刀距离。

⑤ 完全抬刀：如果使用完全抬刀，则每次刀具下刀加工后要完全从工件中退出来，然后再次下刀加工。

⑥ 断削：每下刀几次就完全抬刀，再下刀几次，再完全抬刀，循环往复。只有当使用完全抬刀后才能使用断削功能。

任务五　圆柱端面 G01 钻孔加工

一、任务导入

圆柱面端面钻孔只能采用数控车铣复合机床，而普通数控车床不能加工。此功能可以在端面方向生成孔加工轨迹，并后置输出固定循环 G 代码。系统可以通过圆孔的特征识别来选中零件面上的所有孔。本任务采用圆柱端面 G01 钻孔加工功能来编写图 5-27 所示圆柱零件的端面钻孔加工程序。

二、任务分析

如图 5-27 所示的零件,在 $A—A$ 剖面位置端面钻孔。在右端面中心建立工件坐标系。

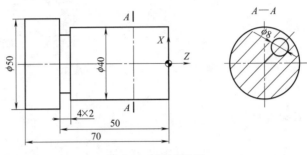

图 5-27　圆柱零件图

三、任务实施

① 绘制图 5-28 所示的圆柱零件主视图和侧面孔位置图。

② 在"数控车"功能区选项卡中,单击"C轴加工"功能区面板中的"G01钻孔"按钮,弹出"G01钻孔"对话框,选择端面钻孔,如图 5-29 所示。每次深度"3",完全抬刀。

③ 在"几何"页面中,单击"拾取",拾取侧视图中钻孔点,孔深 20,如图 5-30 所示。

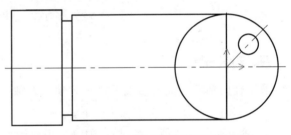

图 5-28　绘制圆柱零件主视图和侧面孔位置图

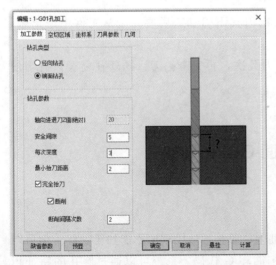

图 5-29　端面G01钻孔"加工参数"设置

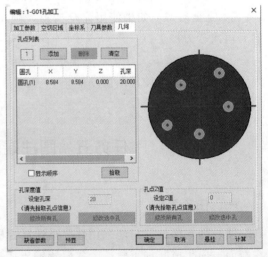

图 5-30　端面G01钻孔"几何"参数设置

④ 选择 ϕ8mm 的钻头，单击"确定"按钮退出参数设置对话框，生成如图 5-31 所示的端面 G01 钻孔加工轨迹。

⑤ 在"数控车"功能区选项卡中，单击"后置处理"功能区面板中的"后置处理"按钮 G，弹出"后置处理"对话框。在该对话框中，控制系统文件选择"车加工中心_4x_XYZC"，单击"拾取"按钮，拾取加工轨迹，然后单击"后置"按钮，生成如图 5-32 所示的端面 G01 钻孔加工程序。

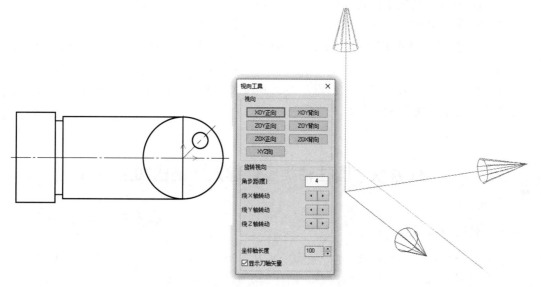

图 5-31　端面 G01 钻孔加工轨迹视向图

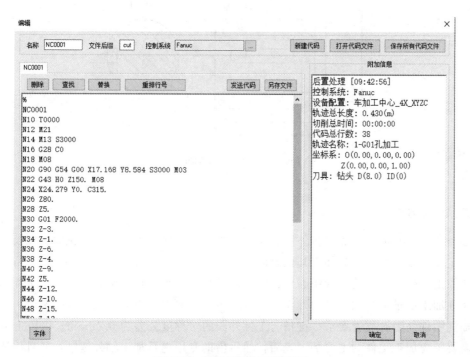

图 5-32　端面 G01 钻孔加工程序

四、知识拓展

圆柱面端面钻孔只能采用这种车铣复合中心设备,而普通数控车床不能加工。

端面 G01 钻孔加工参数说明如下。

① 轴向进退刀 Z 值(绝对):刀具加工起始点的相对于 Z 轴的轴向偏移量。

② 安全间隙:加工时,刀具与工件之间的安全间隙。

③ 每次深度:每次下刀的深度。

④ 最小抬刀距离:每次下刀加工后的最小抬刀距离。

⑤ 完全抬刀:如果使用完全抬刀,则每次刀具下刀加工后要完全从工件中退出来,然后再次下刀加工。

⑥ 断削:每下刀几次就完全抬刀,再下刀几次,再完全抬刀,循环往复。只有当使用完全抬刀后才能使用断削功能。

任务六 圆柱轴类零件埋入式键槽加工

一、任务导入

埋入式键槽加工只能采用数控车铣复合机床,而普通数控车床不能加工。本任务采用埋入式键槽加工功能来编写图 5-33 所示圆柱轴类零件的键槽加工程序。

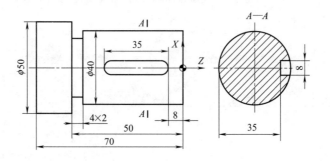

图 5-33 圆柱轴类零件图

二、任务分析

轴类零件主要加工表面是各外圆表面,次要加工表面是轴外键槽、花键、螺纹。通常先安排定位基面的加工,为加工其他表面做好准备,然后安排次要表面的加工,所以轴外键槽的加工安排在外圆精车或粗磨后、精磨前进行。否则会在外圆终加工时产生冲击,不利于保证加工质量并影响刀具的寿命,或者会破坏主要加工表面已经获得的精度。轴外键槽与轴类零件外圆有位置要求。键槽与工件外圆的对称度公差为 0.08mm。由以上分析可知,需要首先加工工件的主要加工表面,然后借助专用夹具加工轴外键槽,并且保证它们之间的位置精度要求。

三、任务实施

在 A—A 剖面位置加工键槽。在主视图右端面中心建立工件坐标系。

① 绘制图 5-34 所示的圆柱轴类零件主视图和左视图。

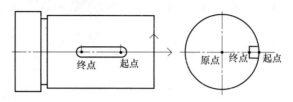

图 5-34 圆柱轴类零件轮廓

② 在"数控车"功能区选项卡中,单击"C 轴加工"功能区面板中的"埋入式键槽加工"按钮，弹出"埋入式键槽加工"对话框,如图 5-35 所示。加工参数设置:键槽宽度"8",键槽层高"1"。

③ 设置几何参数,拾取主视图中键槽起点和终点,拾取坐标原点。拾取左视图中键槽深度起点和终点,如图 5-36 所示。

④ 选择 $\phi 8mm$ 的键槽铣刀,单击"确认"按钮,生成如图 5-37 所示的埋入式键槽加工轨迹。

⑤ 在"数控车"功能区选项卡中,单击"后置处理"功能区面板中的"后置处理"按钮，弹出"后置处理"对话框。在该对话框中,控制系统文件选择"车加工中心_4x_XYZC",单击"拾取"按钮,拾取加工轨迹,然后单击"后置"按钮,弹出"编辑代码"对话框,生成埋入式键槽加工程序,如图 5-38 所示。

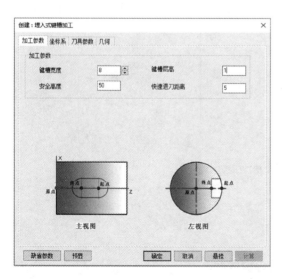

图 5-35 埋入式键槽加工"加工参数"设置

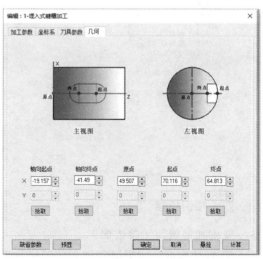

图 5-36 埋入式键槽加工"几何"参数设置

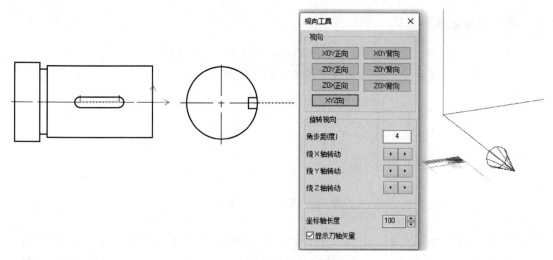

图 5-37 埋入式键槽加工轨迹视向图

图 5-38 埋入式键槽加工程序

四、知识拓展

埋入式键槽加工参数如下。

① 键槽宽度:用来限定埋入式键槽加工的键槽宽度。

② 键槽层高:埋入式键槽加工每次加工增加的一层的高度。

③ 安全高度:刀具在此高度以上任何位置,均不会碰伤工件和夹具。

④ 快速退刀距离:埋入式键槽加工时的快速退刀距离。

任务七　圆柱轴类零件开放式键槽加工

一、任务导入

开放式键槽加工只能采用数控车铣复合机床，而普通数控车床不能加工。本任务采用开放式键槽加工功能来编写图 5-39 所示圆柱零件的开放式键槽加工程序。

二、任务分析

如图 5-39 所示的零件，在 A—A 剖面位置加工键槽。在右端面中心建立工件坐标系。

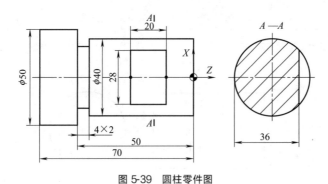

图 5-39　圆柱零件图

三、任务实施

① 绘制图 5-40 所示的圆柱零件主视图和左视图。

② 在"数控车"功能区选项卡中，单击"C 轴加工"功能区面板中的"开放式键槽加工"按钮，弹出"开放式键槽加工"对话框，如图 5-41 所示。加工参数设置：键槽层高"2"，延长量"10"。

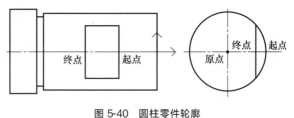

图 5-40　圆柱零件轮廓

③ 设置几何参数，拾取主视图中起点，拾取主视图中终点，拾取截面左视图原点，拾取起点，拾取终止点，如图 5-42 所示。

④ 选择 φ8mm 的键槽铣刀，单击"确认"按钮，生成如图 5-43 所示的开放式键槽加工轨迹。

⑤ 在"数控车"功能区选项卡中，单击"后置处理"功能区面板中的"后置处理"按钮，弹出"后置处理"对话框。在该对话框中，控制系统文件选择"车加工中心_4x_XYZC"，单击"拾取"按钮，拾取加工轨迹，然后单击"后置"按钮，弹出"编辑代码"对话框，生成开放式键槽加工程序，如图 5-44 所示。

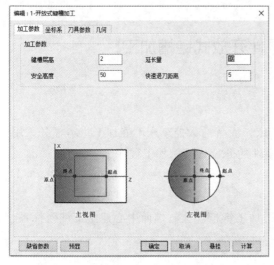

图 5-41 开放式键槽加工"加工参数"设置　　图 5-42 开放式键槽加工"几何"参数设置

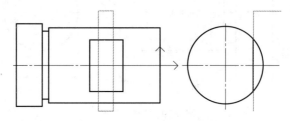

图 5-43 开放式键槽加工轨迹

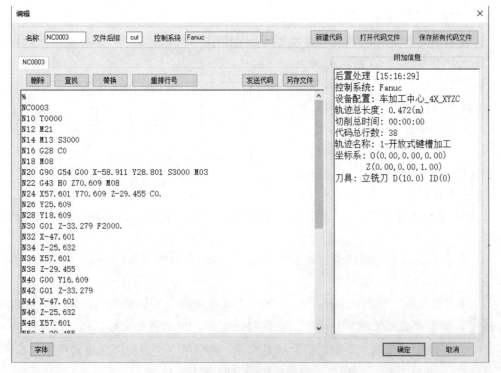

图 5-44 开放式键槽加工程序

四、知识拓展

开放式键槽加工参数说明如下。

① 键槽宽度：开放式键槽加工的键槽宽度。

② 键槽层高：开放式键槽加工每次加工增加的一层的高度。

③ 安全高度：加工时的安全高度。

④ 快速退刀距离：开放式键槽加工时的快速退刀距离。

⑤ 轴向起点和终点：主视图中，轴向起点和轴向终点共同限定键槽的长度，而键槽的宽度在加工参数页中限定。

⑥ 原点：可以在这里改变原点的坐标，也可以通过拾取来获得。

⑦ 起点和终点：左视图中，开放式键槽加工的起点和终点共同决定了键槽的深度，键槽的深度＝起点到原点的距离－终点到原点的距离。

注意：起点到原点的距离应大于终点到原点的距离，否则无法生成键槽。

任务八　端面五角星凸台区域加工

一、任务导入

端面区域粗加工只能采用数控车铣复合机床，而普通数控车床不能加工。本任务采用端面区域粗加工及端面轮廓精加工功能，编写图5-45所示圆柱零件的端面区域粗加工程序和端面轮廓精加工程序。工件直径 $\phi 60$，五角星外接圆直径 $\phi 40$，五角星凸台厚度 3mm。

二、任务分析

端面区域粗加工功能是在轴的端面上进行平面区域粗加工，以完成端面形状的开粗。端面轮廓精加工功能是在轴的端面上的轮廓进行两轴半加工，以完成端面形状的精加工。加工前绘制右视图，在圆柱体工件右端面中心建立工件坐标系。

三、任务实施

1. 绘制右视图

① 在常用选项卡中，单击绘图面板上的圆按钮 ⊙，选择圆心-半径方式，捕捉圆心，输入半径30，回车，完成 $R30$ 圆绘制，

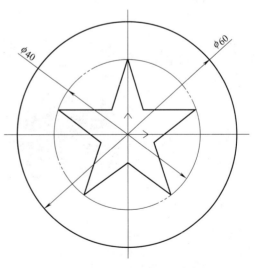

图5-45　端面视图

同理绘制 $R20$ 的圆。单击绘图面板上的多边形按钮 ⬡，立即菜单设置为"中心定位"，

"给定半径","内接于圆","边数=5","旋转角=0","无中心线",拾取 φ60 的圆心→输入半径"20",并按 Enter 键,完成正五边形的绘制。如图 5-46 所示。

② 单击"常用"功能区选项卡"修改"功能区面板中的按钮 ,删除圆线。单击裁剪按钮 ,裁剪掉多余线,如图 5-47 所示。

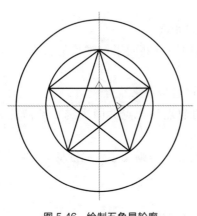 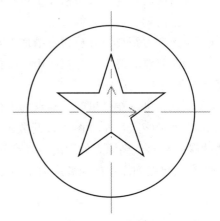

图 5-46 绘制五角星轮廓   图 5-47 修剪删除多余线

2. 端面区域粗加工

① 在"数控车"功能区选项卡中,单击"C轴加工"功能区面板中的"端面区域粗加工"按钮 ,弹出"端面区域粗加工"对话框,如图 5-48 所示。加工参数设置:环切,顶层高"5",层高"1",行距"3"。

② 设置几何参数,单击加工区域,拾取 φ60 圆,单击避让区域,拾取五角星轮廓线。如图 5-49 所示。

③ 选择 φ3mm 的键槽立铣刀,单击"确认"按钮,生成如图 5-50 所示的端面区域粗加工轨迹。

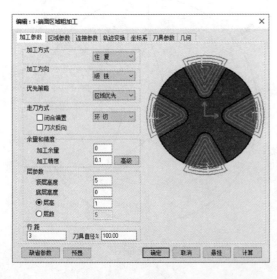 

图 5-48 端面区域粗加工"加工参数"设置   图 5-49 端面区域粗加工"几何"参数设置

| 项目五 CAXA CAM 数控车 2023 软件特殊编程与加工方法 | 153

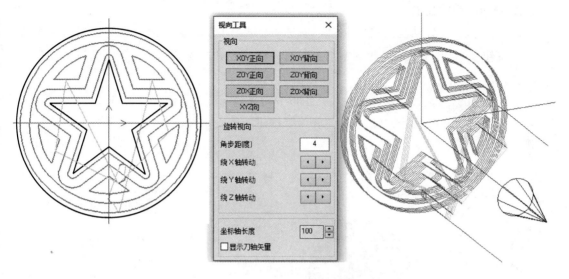

图 5-50 端面区域粗加工轨迹

④ 在"数控车"功能区选项卡中，单击"后置处理"功能区面板中的"后置处理"按钮 **G**，弹出"后置处理"对话框。在该对话框中，控制系统文件选择"车加工中心_4x_XYZC"，单击"拾取"按钮，拾取加工轨迹，然后单击"后置"按钮，弹出"编辑代码"对话框，生成端面区域粗加工程序，如图 5-51 所示。

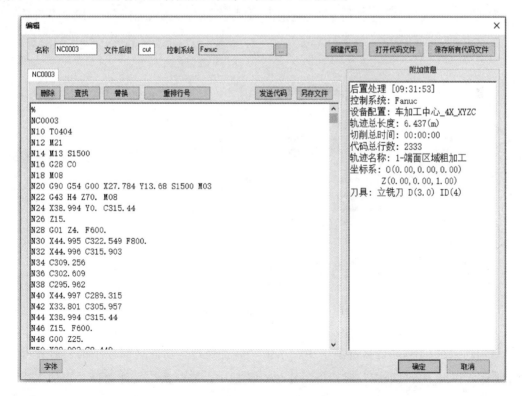

图 5-51 端面区域粗加工程序

3. 端面轮廓精加工

① 在"数控车"功能区选项卡中,单击"C轴加工"功能区面板中的"端面轮廓精加工"按钮,弹出"端面轮廓精加工"对话框,如图 5-52 所示。加工参数设置:顶层高"5",层高"1"。

② 设置几何参数,单击轮廓曲线,拾取五角星轮廓线。如图 5-53 所示。

③ 选择 φ3mm 的立铣刀,单击"确认"按钮,生成如图 5-54 所示的端面轮廓精加工轨迹。

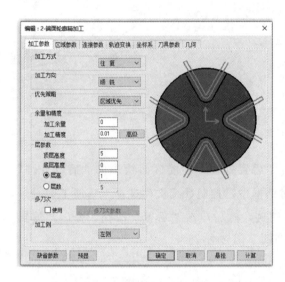

图 5-52 端面轮廓精加工"加工参数"设置　　　　图 5-53 端面轮廓精加工"几何"参数设置

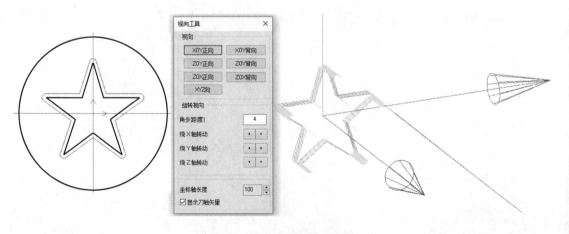

图 5-54 端面轮廓精加工轨迹

④ 在"数控车"功能区选项卡中,单击"后置处理"功能区面板中的"后置处理"按钮,弹出"后置处理"对话框。在该对话框中,控制系统文件选择"车加工中心_4x_XYZC",单击"拾取"按钮,拾取加工轨迹,然后单击"后置"按钮,弹出"编辑代码"对话框,生成轮廓精加工程序,如图 5-55 所示。

图 5-55 端面轮廓精加工程序

四、知识拓展

1. 端面区域粗加工参数说明

① 加工方式：可以选择加工的方式是单向加工还是往复加工。

② 加工方向：可以选择加工的方向是顺铣还是逆铣。

③ 优先策略：可以选择加工的优先级是区域优先还是层优先。

④ 走刀方式：可以选择自适应、行切或环切。自适应是交给系统判断自动选择适合的走刀方式，行切是按行走刀，环切是环状走刀。

⑤ 刀次反向：改变刀次方向，由内至外加工改为由外至内加工，或者由外至内加工改为由内至外加工。

⑥ 顶层高度：加工区域的顶层高度。底层高度：加工区域的底层高度。

⑦ 层高：层高和层数只能选一个，如果选择层高，那么层数未知，层数＝（顶层高度－底层高度）/层高。

⑧ 层数：层高和层数只能选一个，如果选择层数，那么层高未知，层高＝（顶层高度－底层高度）/层数。

⑨ 行距：每一行加工与周围行的距离，并且行距不能大于直径，否则区域加工不完全，有些区域加工不到。

2. 端面轮廓精加工参数说明

① 加工方式：可以选择加工的方式是单向加工还是往复加工。

② 加工方向：可以选择加工的方向是顺铣还是逆铣。

③ 优先策略：可以选择加工的优先级是区域优先还是层优先。

④ 顶层高度：加工区域的顶层高度。

⑤ 底层高度：加工区域的底层高度。

⑥ 层高：层高和层数只能选一个，如果选择层高，那么层数未知，层数＝（顶层高度－底层高度）/层高。

⑦ 层数：层高和层数只能选一个，如果选择层数，那么层高未知，层高＝（顶层高度－底层高度）/层数。

⑧ 多刀次参数：点击多刀次参数，可以弹出多刀次详细设置弹框，对刀次参数和排序规则进行设置。

⑨ 加工侧：限定加工侧面在左侧或者右侧。

项目小结

随着数控机床的升级换代，其加工功能越来越强，能加工复杂的异形零件，所以CAXA CAM 数控车 2023 软件也增加了新的加工功能。本项目主要介绍了 CAXA CAM 数控车 2023 软件最新加工功能：异形螺纹加工、等截面粗/精加工、端面 G01 钻孔及埋入式键槽加工、端面区域加工、端面轮廓精加工。

思考与练习

一、填空题

1. 螺纹加工可分为（　　）和（　　）两种方式。（　　）为非固定循环方式加工螺纹，这种加工方式可适应螺纹加工中的各种工艺条件，可对加工方式进行更为灵活的控制；而（　　）方式加工螺纹，输出的代码适用于西门子 840C/840 控制器。

2. 固定循环功能可以进行（　　）段或（　　）段螺纹连接加工。若只有一段螺纹，则在拾取完终点后按（　　）键。若其有两段螺纹，则在拾取完第一个中间点后按点与（　　）键。

3. 始端延伸距离是指刀具（　　）点与（　　）端的距离。

4. 钻孔功能用于在工件的（　　）钻中心孔。该功能提供了多种钻孔方式，包括（　　）、（　　）和（　　）、（　　）、（　　）、（　　）。

5. 进刀增量指深孔钻时每次（　　）量或镗孔时每次（　　）量。

6. 暂停时间指攻螺纹时刀在工件（　　）部分的停留时间。

7. 进行图形绘制时，当需要生成的曲线是用数学公式表示时，可以利用（　　）模块的（　　）生成功能来得到所需要的曲线。

8. 在 CAXA CAM 数控车 2023 软件中，曲线有（　　）、（　　）、（　　）、（　　）、（　　）等类型。

9. 机床设置是针对不同的（　　）、不同的（　　），设置特定的数控（　　）、数控（　　）及（　　），并生成配置文件。

10. 生成数控程序时，系统根据（　　）的定义，生成用户所需要的特定代码格式的加工指令。

二、选择题

1. 螺纹固定循环功能可以进行（　　）螺纹连接加工。
   A. 两段　　　　　　　　B. 三段　　　　　　　　C. 两段或三段

2. 螺纹加工的末行走刀次数指的是（　　）。

A. 粗切次数　　　　　　B. 空转数　　　　　　C. 重复走刀次数

3. 进刀角度表示（　　）。

A. 刀具只可以垂直于切削方向进刀

B. 刀具只可以沿着侧面进刀

C. 刀具可以垂直于切削方向进刀，也可以沿着侧面进刀

4. 钻孔时的进给速度是指（　　）。

A. 主轴转速　　　　　　B. 进刀速度　　　　　　C. 接近速度

5. 车加工中的钻孔位置只能是工件的（　　）位置。

A. 任意　　　　　　　　B. 旋转中心　　　　　　C. 端面

6. 钻孔加工最终所有的加工轨迹都在工件的（　　）轴上。

A. 旋转　　　　　　　　B. 垂直　　　　　　　　C. 水平

7. CAXA CAM 数控车 2023 软件的 X 轴是机床的（　　）。

A. X 轴　　　　　　　　B. Y 轴　　　　　　　　C. Z 轴

8. 在进行点的捕捉操作时，系统默认的点捕捉状态是（　　）。

A. 控制点（K）　　　　B. 屏幕点（S）　　　　C. 缺省点（F）

9. 可捕捉直线、圆弧、圆、样条曲线的端点的快捷键为（　　）。

A. N 键　　　　　　　　B. E 键　　　　　　　　C. K 键

10. 模态代码就是只要指定一次功能代码格式，以后不用再指定，系统会以（　　）功能模式，确认本程序段的功能。

A. 第一次指定　　　　　B. 前面最近　　　　　　C. 最后一次

三、简答题

1. CAXA CAM 数控车 2023 软件系统中的轮廓精车需要毛坯轮廓吗？为什么？
2. 应用 CAXA CAM 数控车 2023 软件进行轮廓粗车与轮廓精车时，其刀具轨迹有什么不同？
3. CAXA CAM 数控车 2023 软件能绘制二维和三维图形，你认为这种说法对吗？为什么？

四、作图题

1. 完成如图 5-56 所示零件的造型设计和锯齿牙形异形螺纹的加工。
2. 如图 5-57 所示的零件，在 A—A 剖面位置径向钻孔。在右端面中心建立工件坐标系。

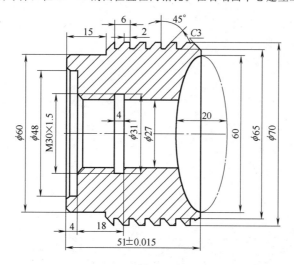

图 5-56　零件尺寸图

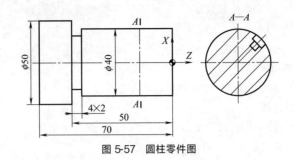

图 5-57　圆柱零件图

3. 绘制如图 5-58 所示的主视图和 B 向视图（尺寸自定）。确定钻孔的轴线位置、原点和孔的中心点，并生成钻孔加工程序。

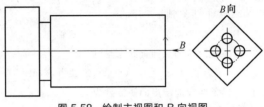

图 5-58　绘制主视图和 B 向视图

项目六

CAXA CAM数控车 2023软件自动编程综合实例

CAXA 数控车床加工零件，首先要精确绘制图形，可以只画二维图形，然后才能自动生成加工轨迹，所以掌握绘图和编程方法同等重要。本项目的内容主要是在读者掌握软件基本编程功能的基础上，为熟练掌握零件加工工艺分析方法、加工路线的制定、CAXA CAM 数控车 2023 软件绘图及编制加工程序的方法，本项目主要列举 4 个综合应用实例，以帮助读者灵活运用 CAXA CAM 数控车 2023 软件完成自动编程任务。

> ✳ **育人目标** ✳
> - 引导学生养成认真负责的工作态度，增强学生的责任担当，有大局意识和核心意识。培养学生孜孜不倦、精益求精的工匠精神，以及遵守职业道德和职业规范。
> - 培养学生团队合作意识、实践能力、创新能力，为将来走上工作岗位打下坚实的基础。
> - 培养积极、严谨的科学态度和工作作风，提高数控机床操作的安全意识。

> ✳ **技能目标** ✳
> - 掌握零件分析方法及工艺清单制作。
> - 掌握加工路线和装夹方法的确定。
> - 掌握 CAXA CAM 数控车 2023 软件绘图及编制加工程序的方法。
> - 掌握配合件的程序编制方法。
> - 熟悉零件加工操作及零件检验方法。

任务一 压盖零件端面槽自动编程与加工综合实例

一、任务导入

完成图 6-1 所示压盖零件的轮廓右端面槽的粗精加工程序编制。零件材料为 45 钢，

毛坯为 $\phi 125$mm 的棒料。

二、任务分析

该零件为圆盘零件，轮廓粗加工过程省略，主要学习压盖零件右端面切槽加工方法，端面切槽粗精加工，采用切槽车刀进行加工。

三、任务实施

1. 粗车端面槽

① 利用绘制直线和延伸命令，绘制如图 6-2 所示的切槽加工轮廓线。

② 在"数控车"功能区选项卡中，单击"二轴加工"功能区面板中的"车削槽加工"按钮，弹出"车削槽加工"对话框，如图 6-3 所示。加工参数设置：切槽表面类型选择"端面"，加工工艺类型选择"粗加工"，加工方向选择"纵向"，加工余量设为"0.2"，切深行距设为"0.4"，退刀距离设为"4"，刀尖半径补偿选择"编程时考虑半径补偿"。

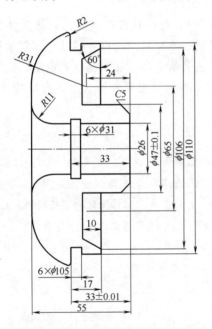

图 6-1 压盖零件图

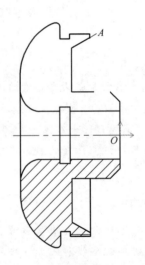

图 6-2 绘制切槽加工轮廓线

③ 选择刀刃宽度 3mm 的切槽车刀，刀具宽度设为"2.9"，刀尖半径设为"0.1"，刀具位置"5"，编程刀位为"前刀尖"，如图 6-4 所示。单击"确定"按钮退出对话框，采用"单个拾取"方式，拾取被加工轮廓，单击右键，拾取进退刀点 A，结果生成端面切槽粗加工轨迹，如图 6-5 所示。

④ 在"数控车"功能区选项卡中，单击"后置处理"功能区面板中的"后置处理"按钮，弹出"后置处理"对话框。在该对话框中，控制系统文件选择"Fanuc"，单击"拾取"按钮，拾取加工轨迹，然后单击"后置"按钮，弹出"编辑代码"对话框，如图 6-6 所示，生成端面切槽粗加工程序。

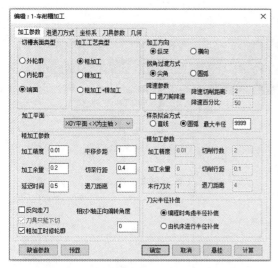

图 6-3 车削槽粗加工"加工参数"设置　　图 6-4 车削槽粗加工"刀具参数"设置

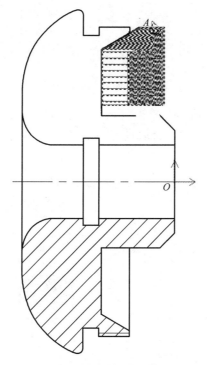

图 6-5 端面切槽粗加工轨迹

2. 精车端面槽

① 在"数控车"功能区选项卡中，单击"二轴加工"功能区面板中的"车削槽加工"按钮，弹出"车削槽加工"对话框，如图 6-7 所示。加工参数设置：切槽表面类型选择"端面"，加工工艺类型选择"精加工"，加工方向选择"横向"，加工余量设为"0"，切削行距设为"0.1"，退刀距离设为"4"，刀尖半径补偿选择"编程时考虑半径补偿"。

② 选择刀刃宽度3mm的切槽车刀，刀尖半径设为"0.1"，刀具位置设为"5"，编程

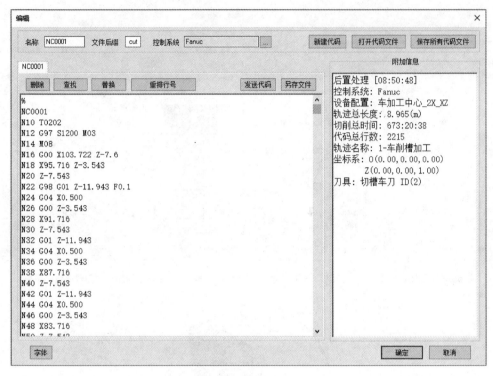

图 6-6 端面切槽粗加工程序

刀位为"前刀尖",如图 6-8 所示。单击"确定"按钮退出对话框,采用"单个拾取"方式,拾取被加工轮廓,单击右键,拾取进退刀点 A,结果生成端面切槽精加工轨迹,如图 6-9 所示。

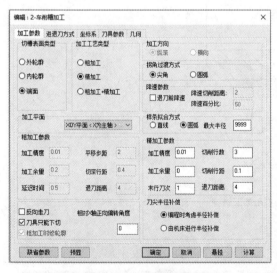

图 6-7 车削槽精加工"加工参数"设置

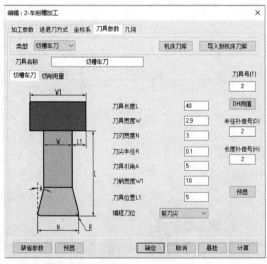

图 6-8 车削槽精加工"刀具参数"设置

③ 在"数控车"功能区选项卡中,单击"后置处理"功能区面板中的"后置处理"按钮 G,弹出"后置处理"对话框。在该对话框中,控制系统文件选择"Fanuc",单击"拾取"按钮,拾取加工轨迹,然后单击"后置"按钮,弹出"编辑代码"对话框,如

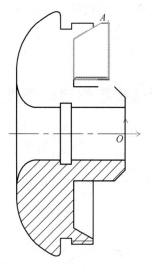

图 6-9　端面切槽精加工轨迹

图 6-10 所示，生成切槽精加工程序。

图 6-10　切槽精加工程序

四、知识拓展

轮廓的建模可以通过 CAXA CAM 数控车 2023 软件直接绘制或者利用 AutoCAD 中 dxf 图形文件的导入来实现。在 CAXA CAM 数控车 2023 软件中导入 dxf 图形文件的具体步骤为：首先利用 AutoCAD 软件绘制好所需的毛坯及手柄外轮廓，并将其保存为 dxf 文件，然后利用 CAXA CAM 数控车 2023 软件中的数据输入功能将 dxf 文件读入 CAXA CAM 数控车 2023 软件的界面中。

任务二　成形面轴类零件自动编程与加工综合实例

一、任务导入

本任务要求完成对图 6-11 所示零件的凹凸圆弧加工及仿真。

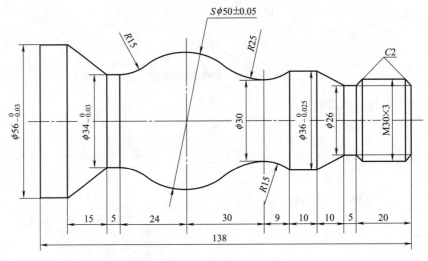

图 6-11　成形面轴类零件图

二、任务分析

本任务主要是完成成形面轴类零件加工及仿真，培养使用 CAXA CAM 数控车 2023 软件快速绘制图及自动编程的能力。根据 CAXA CAM 数控车 2023 软件自动编程的特点，只要求绘制零件的加工轮廓图，难点在于轮廓粗车参数设置。

三、任务实施

1. 绘制步骤

生成粗加工轨迹时，只需绘制要加工部分的外轮廓，其余线条可以不必画出，零件加工轮廓绘制完成后，在"数控车"功能区选项卡中，点击创建毛坯图标 ⬛。弹出对话框，输入高度 140，半径 30，单击"确定"退出对话框，完成创建毛坯，如图 6-12 所示。

2. 凹凸圆弧的加工及仿真

（1）轮廓粗车

① 在"数控车"功能区选项卡中，单击"二轴加工"面板中的"车削粗加工"图标按钮 ▥，弹出"车削粗加工"对话框，如图 6-13 所示。加工参数设置：加工表面类型选择"外轮廓"，加工方式选择"等距"，加工角度设为"180"，切削行距设为"1"，主偏

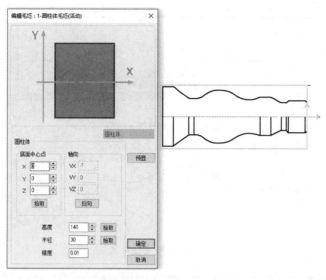

图 6-12 创建毛坯及绘制加工轮廓图

角干涉角度要求小于 3°，副偏角干涉角度设为 "55"，刀尖半径补偿选择 "编程时考虑半径补偿"。

等距方式相当于 G73 指令，属于仿形切削循环，成形工件不能用行切方式，所以选择等距加工方式。

② 选择轮廓车刀，刀尖半径设为 "0.3"，主偏角 "93"，副偏角 "55"，刀具偏置方向为 "左偏"，对刀点方式为 "刀尖圆心"，刀片类型为 "球形刀片"，如图 6-14 所示。

图 6-13 车削粗加工 "加工参数" 设置

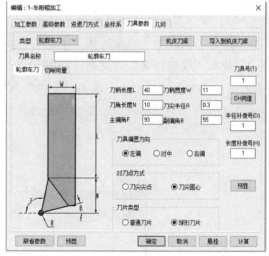

图 6-14 车削粗加工 "刀具参数" 设置

③ 在 "车削粗加工" 对话框中，选择几何页面，单击拾取被加工轮廓，当拾取第一条轮廓线后，此轮廓线变成红色的虚线，系统给出提示：选择方向，按限制线拾取方式，拾取最后加工轮廓曲线，如图 6-15 所示。

④ 单击拾取创建的毛坯，如图 6-16 所示。单击拾取进退刀点 A，单击 "确定" 退出 "车削粗加工" 对话框，结果生成成形面轴类零件外轮廓粗加工轨迹，如图 6-17 所示。

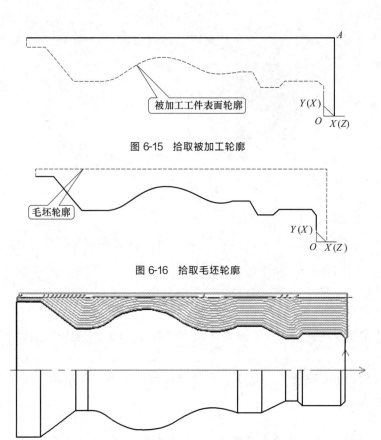

图 6-15 拾取被加工轮廓

图 6-16 拾取毛坯轮廓

图 6-17 成形面轴类零件外轮廓粗加工轨迹

（2）零件刀具轨迹仿真及程序生成

① 在"数控车"功能区选项卡中，单击"仿真"功能区面板中的"线框仿真"按钮 ⊗，弹出"线框仿真"对话框，如图 6-18 所示。单击"拾取"按钮，拾取加工轨迹，单击右键结束加工轨迹拾取，单击"前进"按钮，开始仿真加工过程。

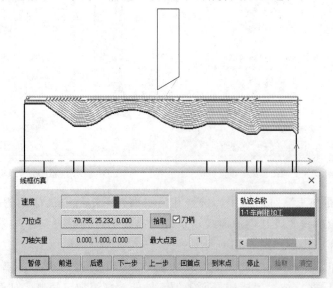

图 6-18 成形面轴类零件加工轨迹仿真

② 在"数控车"功能区选项卡中，单击"后置处理"功能区面板中的"后置处理"按钮 G，弹出"后置处理"对话框。在该对话框中，控制系统文件选择"Fanuc"，单击"拾取"按钮，拾取加工轨迹，然后单击"后置"按钮，弹出"编辑代码"对话框，如图 6-19 所示，生成成形面轴类零件加工程序，在此也可以编辑修改加工程序。

图 6-19　成形面轴类零件加工程序

四、知识拓展

在数控车床上进行零件加工的工艺分析与加工过程，可分为以下几个阶段。

1. 零件造型设计

CAXA CAM 数控车 2023 软件具备了计算机辅助设计的要求，提供了强大的二维图形绘制功能，可快速绘制二维图形轮廓；提供了函数曲线样条曲线功能，可以形成各种异形面，生成真实的图形，可直观显示设计结果；还提供了灵活的图形编辑功能，实现裁剪、拉伸、打断、偏移等功能的操作，完成复杂零件的二维图形设计。

2. 加工方案设计

造型设计完成后，对零件的二维图形进行分析。按工艺方案的要求，根据零件毛坯、夹具装配之间空间几何关系及刀具参数，筛选最适合的加工方法。对二维图形设计进行进一步的工艺分析，根据加工性质修改增补。根据加工特点以及加工能力，确定需要加工零件的二维图形；再分析图形的组成情况，拟定刀具的进入路径、切削路径、退出路径。找到刀具在运动中可能发生干涉的部位，并及时地进行加工部位的调整，同时设置合理的切削用量。

3. 生成加工轨迹

根据需加工零件的形状特点及工艺要求，利用 CAXA CAM 数控车 2023 软件提供的轮廓粗车、轮廓精车、切槽、钻孔、螺纹固定循环等加工方法，结合刀具库管理、机床设置、后置设置等功能，根据工艺分析，依次选定需要加工的轮廓，设置相关的加工数据参数和要求，可快速显示图形的生成刀具轨迹和刀具切削路径。针对实体不同加工性质和加工特点的部位，采用不同的加工方法，从而生成不同的粗精加工、切槽、钻孔、车螺纹等加工轨迹。编程人员可以根据实际需要，灵活选择加工部位与加工方法。加工轨迹生成后，利用轨迹参数修改功能对相关轨迹进行编辑和修改。

4. 轨迹仿真

运用轨迹仿真功能，即屏幕模拟实际切削过程，显示材料去除过程和进行刀具干涉检查，检验确保生成的刀具轨迹的正确性。对系统生成的加工轨迹，仿真时用生成轨迹时的加工参数，即轨迹中记录的参数；对从外部反读进来的刀位轨迹，仿真时用系统当前的加工参数。

对已有的加工轨迹进行加工过程模拟，以检查加工轨迹的正确性。对系统生成的加工轨迹，仿真时用生成轨迹时的加工参数，即轨迹中记录的参数；对从外部反读进来的刀位轨迹，仿真时用系统当前的加工参数。

轨迹仿真分为线框模式和实体仿真，仿真时可调节速度条来控制仿真的速度。仿真时模拟动态的切削过程，不保留刀具在每一个切削位置的图像。

操作步骤：

① 在"数控车"功能区选项卡中选取"线框仿真"功能项。

② 拾取要仿真的加工轨迹，此时可使用系统提供的选择拾取工具。

③ 按鼠标右键结束拾取，系统弹出"线框仿真"对话框，按"前进"键开始仿真。仿真过程中可进行暂停、上一步、下一步、终止和速度调节等操作。

④ 仿真结束，可以按"回首点"键重新仿真，或者关闭"线框仿真"对话框终止仿真。

5. 生成 G 代码

数控编程的核心工作就是生成刀具轨迹，然后将其离散成刀位点，经机床设置、后置处理产生数控加工程序。当加工轨迹生成后，按照当前机床类型的配置要求，把已经生成的刀具轨迹自动转化成合适的数控系统加工 G 代码，即 CNC 数控加工程序。不同的机床其数控系统是不尽相同的，不同的数控系统其 G 代码功能存在差异，加工程序的指令格式也有所区别，所以要对 G 代码进行后置处理，以对应于相应的机床。利用软件的加工工艺参数后置处理功能，可以通过对"后置处理设置"进行修改，使其适用于机床数控系统的要求，或按机床规定的格式进行定制。定制后，可以保存设置，用于今后与此类机床匹配需要。G 代码生成后，可根据需要自动生成加工工序单，程序会根据加工轨迹编制中的各项参数自动计算各项加工工步的加工时间，这样便于生产的管理和加工工时的计算，并可通过直观的加工仿真和代码反读来检验加工工艺和代码质量。

6. G 代码传输和机床加工

生成的 G 代码要传输给机床，如果程序量少而机床内存容量允许的话，可以一次性地将 G 代码程序传输给机床。如果程序量巨大，就需要进行 DNC 在线传输，将 G 代码通过计算机标准接口直接与机床连通,在不占用机床系统内存的基础上,实现计算机直接控制机床的加工过程。机床根据接收到的 G 代码加工程序,就可以进行在线 DNC 加工或单独加工了。

任务三　阶梯轴零件自动编程与加工综合实例

一、任务导入

绘制如图 6-20 所示轴类零件的车削加工轮廓,编制加工工艺,编写加工程序。

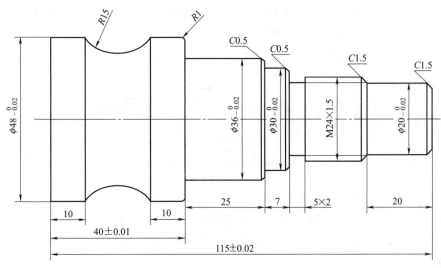

图 6-20　轴类零件图

二、任务分析

该轴类零件结构较简单,尺寸公差要求较小,没有位置公差要求,零件的表面粗糙度全部 $Ra1.6\mu m$。根据工艺清单的要求,该零件全部由数控车床完成,要注意保证尺寸的一致性。车削时,使用三爪卡盘装夹零件一端,另一端通过顶尖装夹的方法,按零件图所示位置装夹。先钻削中心孔,加工零件的外圆部分,切削 5mm×2mm 的螺纹退刀槽,加工 M24mm×1.5mm 的细牙三角螺纹,然后加工零件的 R15mm 的凹圆弧,最后保证总长有适当余量切断工件。切断后装夹 φ36mm 的外圆,手动进给脉冲手轮车平 φ48mm 端面,保证零件总长。

绘制零件的加工轮廓图时,将坐标系原点选在零件的右端面和中心轴线的交点上,绘制出毛坯轮廓、加工轮廓和切断位置。本任务在绘图时主要练习点的坐标输入方法。

三、任务实施

1. 绘制步骤

(1) 启动系统,运行 CAXA CAM 数控车 2023 软件。

（2）绘制零件主要轮廓

① 在"常用"功能区选项卡中，单击"绘图"功能区面板中的"直线"按钮 ╱，在立即菜单中，选择"两点线、连续、正交"方式，捕捉坐标中心点。根据界面的左下方系统提示区显示"第二点（切点，垂足点）："，要求输入直线的第二点。输入第二点坐标"（0，10，0）"，然后按回车键或按鼠标右键结束，便生成一条直线。

② 按照相同的方法，根据零件图依次输入第三点"（−20，10，0）"、第四点"（−20，12，0）"、第五点"（−38，12，0）"、第六点"（−38，10，0）"、第七点"（−43，10，0）"、第八点"（−43，15，0）"、第九点"（−50，15，0）"、第十点"（−50，18，0）"、第十一点"（−75，18，0）"、第十二点"（−75，24，0）"、第十三点"（−119.5，24，0）"、第十四点"（−119.5，25，0）"，便可完成该零件的加工轮廓，如图6-21所示。注意点的坐标之间用英文逗号隔开，不能用中文逗号。当然在正交状态下，用鼠标指方向，直接输入直线距离作图要快些。

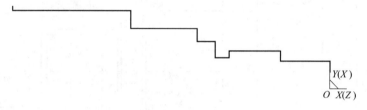

图 6-21　零件的加工轮廓

（3）绘制零件的凹圆弧部分

① 在"常用"功能区选项卡中，单击"修改"功能区面板中的"等距线"按钮，在立即菜单中输入等距距离"10"，单击右边等距线，单击向左箭头，完成等距线。等距线立即菜单如图6-22所示。

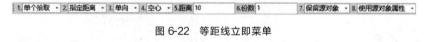

图 6-22　等距线立即菜单

② 根据界面的左下方系统提示区显示"拾取曲线："，要求拾取生成等距线的基准线。如图6-23所示，用鼠标左键拾取图中线段。

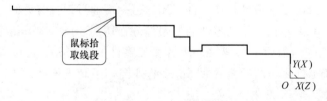

图 6-23　等距线的拾取

③ 出现双向箭头，同时在界面的左下方系统提示区显示"选择等距方向："，用鼠标单击向左的箭头，即可生成一条直线段。

④ 再选择刚生成的直线段，又会在该直线上出现双向箭头，同时在界面的左下方系统提示区显示"选择等距方向："，用鼠标单击向左的箭头，即可生成另一条直线段。按此方法依次生成三条直线段，如图6-24所示。

| 项目六　CAXA CAM 数控车 2023 软件自动编程综合实例 | 171

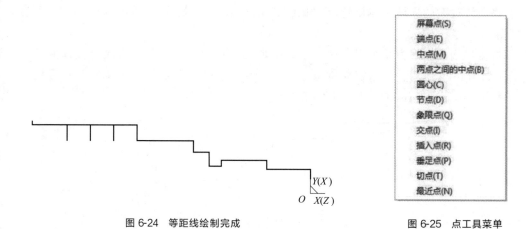

图 6-24　等距线绘制完成　　　　　　图 6-25　点工具菜单

⑤ 在"常用"功能区选项卡中,单击"绘图"功能区面板中的"圆弧"按钮，选择"两点_半径"绘图方式。

⑥ 左下方系统提示区显示"第一点（切点）:",要求输入圆弧的第一点。此时,按空格键会弹出一个点工具菜单,如图 6-25 所示。

⑦ 选择点工具菜单中的"屏幕点"选项。各类点均可输入增量点,可用直角坐标系、极坐标系和球坐标系三者之一输入增量坐标,系统提供立即菜单,切换和输入数值。如图 6-26 所示,用鼠标左键拾取图中"点 1"和"点 2"。

⑧ 根据界面的左下方系统提示区显示"第三点切点（或半径）:",要求输入圆弧的半径值。按回车键,绘图界面中心部位会出现坐标输入条,输入半径值"15",然后按回车键或按鼠标右键结束。

⑨ 在"常用"功能区选项卡中,单击"修改"功能区面板中的"删除"按钮。根据系统提示区显示"拾取元素:",要求拾取要删除的元素（点或线）。如图 6-27 所示,用鼠标左键拾取图中"线 1""线 2"和"线 3",然后按回车键或按鼠标右键结束。零件上的凹圆弧即绘制完毕。

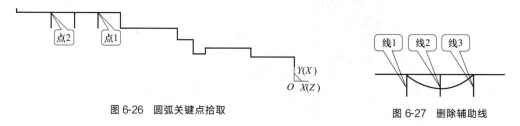

图 6-26　圆弧关键点拾取　　　　　　图 6-27　删除辅助线

（4）零件上各倒角和圆弧倒角的绘制

① 在"常用"功能区选项卡中,单击"修改"功能区面板中的"过渡"按钮。左侧出现曲线过渡的立即菜单,如图 6-28 所示。

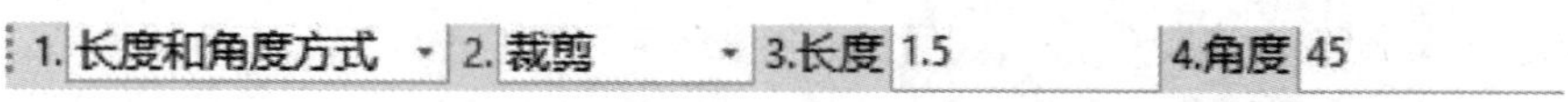

图 6-28　曲线过渡的立即菜单

② 将曲线过渡的立即菜单设置成"长度和角度方式""裁剪",长度为"1.5",角度为"45"。

③ 根据界面的左下方系统提示区显示"拾取第一条直线:",要求拾取要裁剪的第一条直线。如图 6-29 所示,用鼠标左键拾取图中"线 1"和"线 2"。然后按回车键或按鼠标右键结束,则 $C1.5mm$ 的倒角绘制完成。

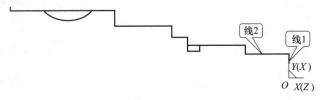

图 6-29 绘制倒角

④ 按上述方法依次完成零件图上 $C1.5mm$、$C0.5mm$ 和 $R1mm$ 的倒角、圆弧倒角。

2. 零件的加工

(1) 绘制零件加工轮廓和毛坯轮廓

① 绘制零件的加工轮廓图形,如图 6-30 所示。

② 创建毛坯。生成粗加工轨迹时,只需绘制要加工部分的外轮廓,其余线条可以不必画出。在"数控车"功能区选项卡中,点击创建毛坯图标 。弹出对话框,输入高度 120,半径 25,单击"确定"退出对话框,完成圆柱体毛坯创建,如图 6-31 所示。

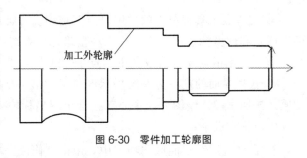

图 6-30 零件加工轮廓图

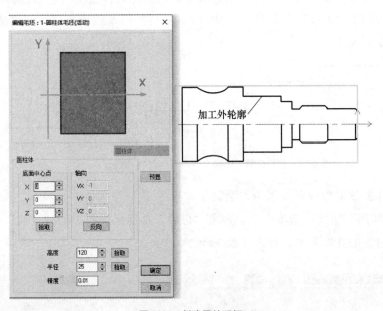

图 6-31 创建零件毛坯

(2) 零件的外轮廓车削粗加工

车削粗加工主要用于实现对工件外轮廓、内轮廓和端面的粗车加工，用来快速清除毛坯的多余部分。

① 在"数控车"功能区选项卡中，单击"二轴加工"功能区面板中的"车削粗加工"按钮 ，弹出"车削粗加工"对话框，如图 6-32 所示。加工参数设置：加工表面类型选择"外轮廓"，加工方式选择"行切"，加工角度设为"180"，切削行距设为"1"，主偏角干涉角度设为"3"，副偏角干涉角度设为"55"，刀尖半径补偿选择"编程时考虑半径补偿"。

② 选择轮廓车刀，刀尖半径设为"0.3"，主偏角"93"，副偏角"55"，刀具偏置方向为"左偏"，对刀点为"刀尖尖点"，刀片类型为"普通刀片"，如图 6-33 所示。

图 6-32　车削粗加工"加工参数"设置

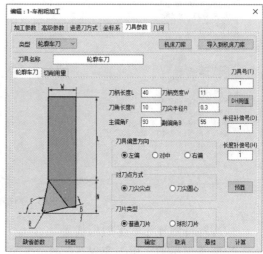

图 6-33　车削粗加工"刀具参数"设置

③ 在"车削粗加工"对话框中，选择几何页面，单击拾取被加工轮廓，当拾取第一条轮廓线后，此轮廓线变成红色的虚线，系统给出提示：选择方向，按限制线拾取方式，拾取最后加工轮廓曲线。单击拾取进退刀点 A，单击"确定"退出"车削粗加工"对话框，系统会自动生成刀具轨迹，如图 6-34 所示。

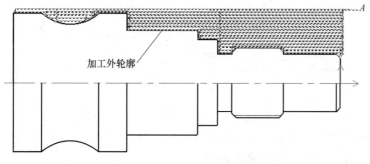

图 6-34　零件外轮廓粗加工轨迹

④ 在"数控车"功能区选项卡中，单击"后置处理"面板中的"后置处理"按钮 ，弹出"后置处理"对话框。在该对话框中，控制系统文件选择"Fanuc"，机床配置

文件选择"车加工中心_2x_XZ",单击"拾取"按钮,拾取加工轨迹,然后单击"后置"按钮,弹出"编辑代码"对话框,如图 6-35 所示,生成零件外轮廓粗加工程序。

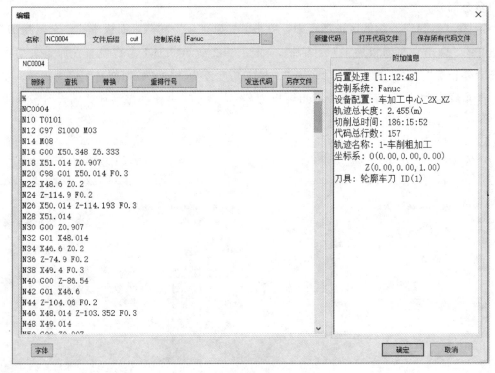

图 6-35 零件外轮廓粗加工程序

(3) 零件的外轮廓车削精加工

轮廓车削精加工用于实现对工件外轮廓、内轮廓和端面的精车加工,用来保证零件的尺寸精度和表面粗糙度等。

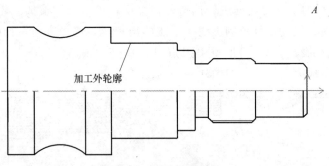

图 6-36 绘制加工轮廓线

注意:车削精加工时要确定被加工轮廓,被加工轮廓就是加工结束后的工件表面轮廓,被加工轮廓必须是连续的。在选择被加工轮廓时,如果出现拾取失败,则说明该轮廓有断点、重线或者有的地方和其他线相连。

① 保留加工轮廓,确定进退刀点 A。完成加工轮廓线绘制,如图 6-36 所示。

② 在"数控车"功能区选项卡中,单击"二轴加工"功能区面板中的"车削精加工"按钮，弹出"车削精加工"对话框,如图 6-37 所示。加工参数设置:切削行数设为

"1",主偏角干涉角度设为"3",副偏角干涉角度设为"55",刀尖半径补偿选择"编程时考虑半径补偿"。

③ 快速进退刀距离设置为"2"。每行相对毛坯及加工表面的速进退刀方式设置为长度"1",夹角"45"。选择"轮廓车刀",刀尖半径设为"0.2",主偏角"93",副偏角"55",刀具偏置方向为"左偏",对刀点为"刀尖尖点",刀片类型为"普通刀片",如图6-38所示。

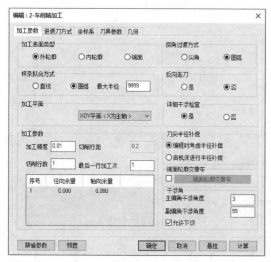 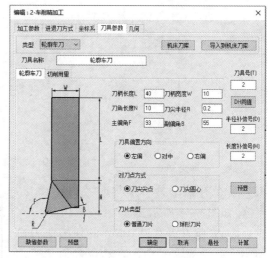

图 6-37 车削精加工"加工参数"设置　　　图 6-38 车削精加工"刀具参数"设置

④ 在"车削精加工"对话框中,选择几何页面,单击拾取被加工轮廓。当拾取第一条轮廓线后,此轮廓线变成红色的虚线,系统给出提示:选择方向,按限制线拾取方式,拾取最后加工轮廓曲线。单击拾取进退刀点A,单击"确定"退出"车削精加工"对话框,系统会自动生成轮廓精加工轨迹,如图6-39所示。

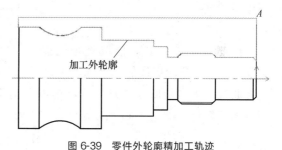

图 6-39 零件外轮廓精加工轨迹

⑤ 在"数控车"功能区选项卡中,单击"后置处理"功能区面板中的"后置处理"按钮 G,弹出"后置处理"对话框。在该对话框中,控制系统文件选择"Fanuc",机床配置文件选择"车加工中心_2x_XZ",单击"拾取"按钮,拾取加工轨迹,然后单击"后置"按钮,弹出"编辑代码"对话框,如图6-40所示,生成零件外轮廓精加工程序。

(4) 零件的外切槽加工

切槽用于实现对工件外轮廓、内轮廓和端面的加工。

① 将槽的左右边向上延长2mm,确定进退刀点A。切槽加工轮廓如图6-41所示。

注意:切槽时要确定被加工轮廓,被加工轮廓就是加工结束后的工件表面轮廓。

② 在"数控车"功能区选项卡中,单击"二轴加工"功能区面板中的"车削槽加工"按钮,弹出"车削槽加工"对话框。设置加工参数:切槽表面类型选择"外轮廓",加工方向选择"纵深",加工余量设为"0.2",切深行距设为"0.4",退刀距离设为"4",

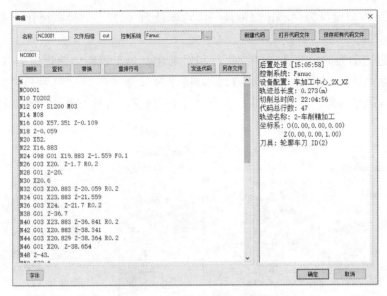

图 6-40 零件外轮廓精加工程序

刀尖半径补偿选择"编程时考虑半径补偿",如图6-42所示。

③ 选择刀刃宽度 3mm 的切槽车刀,刀尖半径设为"0.1",刀具位置为"5",编程刀位为"前刀尖",如图6-43所示。切削用量设置:进刀量"0.1mm/r",主轴转速"800r/min"。

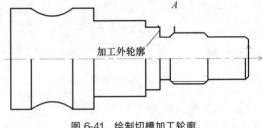

图 6-41 绘制切槽加工轮廓

选择几何页面,单击拾取被加工轮廓。当拾取第一条轮廓线后,系统给出提示:选择方向,按限制线拾取方式,拾取最后加工轮廓曲线。单击拾取进退刀点A,单击"确定"退出"车削槽加工"对话框,结果生成切槽加工轨迹,如图6-44所示。

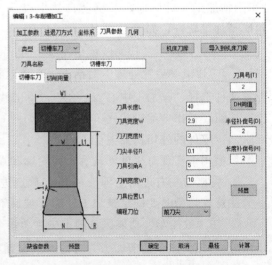

图 6-42 车削槽加工"加工参数"设置　　图 6-43 车削槽加工"刀具参数"设置

④ 在"数控车"功能区选项卡中，单击"后置处理"面板中的"后置处理"按钮 G，弹出"后置处理"对话框。在该对话框中，控制系统文件选择"Fanuc"，机床配置文件选择"车加工中心_2x_XZ"，单击"拾取"按钮，拾取加工轨迹，然后单击"后置"按钮，弹出"编辑代码"对话框，如图 6-45 所示，系统自动生成切槽加工程序。

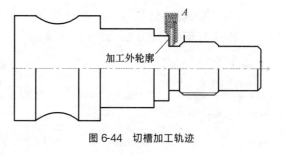

图 6-44 切槽加工轨迹

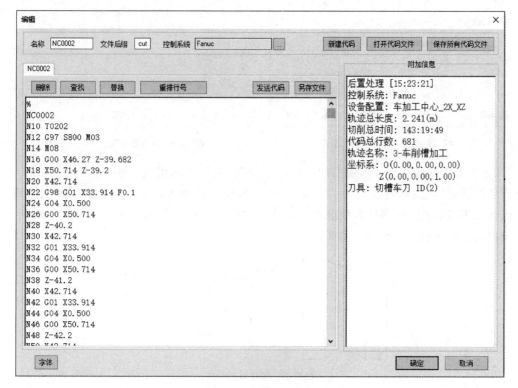

图 6-45 切槽加工程序

（5）外螺纹加工

车螺纹为非固定方式加工螺纹，可对螺纹加工过程中的各种工艺条件和加工方式进行更为灵活的控制。

① 在"常用"功能区选项卡中，单击"绘图"功能区面板中的"直线"按钮，在立即菜单中，选择"两点线、连续、正交"方式，绘制螺纹线 AB，如图 6-46 所示。

② 在"数控车"功能区选项卡中，单击"二轴加工"功能区面板中的"车螺纹加工"按钮，弹出"车螺纹加工"对话框，如图 6-47 所示。设置螺纹参数：选择螺纹类型为"外螺纹"，拾取螺纹加工起点 A，拾取螺纹加工终点 B，螺纹节

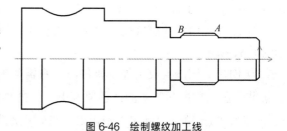

图 6-46 绘制螺纹加工线

距"1.5",切入切出延长量3,螺纹牙高"0.83"。设置加工参数:设置第一刀行距为"0.4",最小行距为"0.1",如图6-48所示。

图6-47 外螺纹"螺纹参数"设置　　　图6-48 外螺纹"加工参数"设置

③ 单击"刀具参数"选项中的"切削用量",设置切削用量:进刀量"0.15mm/r",选择"恒转速",主轴转速设为"520r/min"。选择几何页面,单击拾取螺纹加工起点A和螺纹加工终点B。单击拾取进退刀点,单击"确定"按钮退出"车螺纹加工"对话框,系统自动生成螺纹加工轨迹,如图6-49所示。

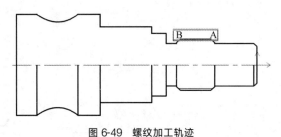

图6-49 螺纹加工轨迹

④ 在"数控车"功能区选项卡中,单击"后置处理"功能区面板中的"后置处理"按钮 G,弹出"后置处理"对话框。在该对话框中,控制系统文件选择"Fanuc",机床配置文件选择"车加工中心_2x_XZ",单击"拾取"按钮,拾取加工轨迹,然后单击"后置"按钮,弹出"编辑代码"对话框,系统会自动生成螺纹加工程序,如图6-50所示。

(6) 凹圆弧槽加工

轮廓仿形粗车用于实现对工件外轮廓表面、内轮廓表面和端面的特殊轮廓粗车加工,用来快速清除毛坯的多余部分。

① 在"常用"功能区选项卡中,用直线、等距和延伸等功能完成加工轮廓线的绘制,如图6-51所示。

② 创建毛坯。生成粗加工轨迹时,只需绘制要加工部分的外轮廓,其余线条可以不必画出。在"数控车"功能区选项卡中,点击创建毛坯图标 ,弹出对话框,输入高度120,半径26,单击"确定"退出对话框,完成圆柱体毛坯创建,如图6-52所示。

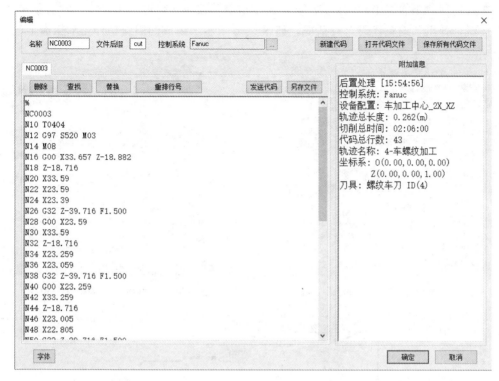

图 6-50 螺纹加工程序

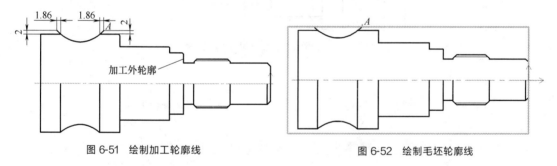

图 6-51 绘制加工轮廓线　　　　图 6-52 绘制毛坯轮廓线

③ 在"数控车"功能区选项卡中,单击"二轴加工"功能区面板中的"车削粗加工"按钮,弹出"车削粗加工"对话框,如图 6-53 所示。加工参数设置:加工表面类型选择"外轮廓",加工方式选择"等距",加工角度设为"180",切削行距设为"0.8",主偏角干涉角度要求小于 3°,副偏角干涉角度设为"55",刀尖半径补偿选择"编程时考虑半径补偿"。

④ 选择轮廓车刀,刀尖半径设为"0.3",主偏角"93",副偏角"55",刀具偏置方向为"左偏",对刀点为"刀尖圆心",刀片类型为"球形刀片",如图 6-54 所示。

⑤ 选择几何页面,单击拾取被加工轮廓,当拾取第一条轮廓线后,系统给出提示:选择方向,按限制线拾取方式,拾取最后加工轮廓曲线。单击拾取进退刀点 A,单击"确定"退出"车削粗加工"对话框,系统自动生成外轮廓粗加工轨迹,如图 6-55 所示。

⑥ 在"数控车"功能区选项卡中,单击"后置处理"功能区面板中的"后置处理"按钮,弹出"后置处理"对话框。在该对话框中,控制系统文件选择"Fanuc",机床

配置文件选择"车加工中心_2x_XZ",单击"拾取"按钮,拾取加工轨迹,然后单击"后置"按钮,弹出"编辑代码"对话框,如图 6-56 所示,生成凹圆弧槽外轮廓粗加工程序。

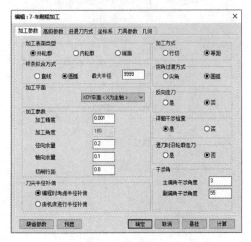

图 6-53 车削粗加工"加工参数"设置

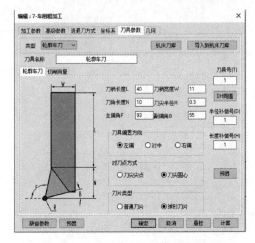

图 6-54 车削粗加工"刀具参数"设置

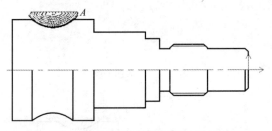

图 6-55 凹圆弧槽外轮廓粗加工轨迹

图 6-56 凹圆弧槽外轮廓粗加工程序

四、知识拓展

1. 点的坐标输入

点在屏幕上的坐标有绝对坐标和相对坐标两种。它们在输入方法上有所不同。

绝对坐标输入方法很简单,可直接通过键盘输入 X、Y、Z 坐标,各坐标之间必须用英文逗号隔开。例如"-30,,""-30,,40"",,20"分别对应(-30,0,0)、(-30,0,40)、(0,0,20)。

相对坐标是指相对于当前点的坐标,和坐标系原点无关。系统规定:输入相对坐标时必须在第一个数值前面加一个符号"@",以表示相对。例如"@60,0,80",表示要确定的点是在当前点的基础上 X 坐标增加 60、Y 坐标增加 0、Z 坐标增加 80。

用户在输入任何一个坐标值时都可以使用系统提供的表达式计算功能,直接输入表达式来代替计算点的坐标。如 [52.1/3*sin(50), -39.8, 5.0*cos(89)],不必事先计算好各分量的值。本系统提供的计算功能有加法、减法、乘法、除法、正弦、余弦、正切、反正弦、反余弦、反正切、自然对数、双曲正弦、双曲余弦、双曲正切、绝对值、开平方等。

2. 倒角的切入

当工件的端面为倒角时,做完端面车削后,应按照倒角的延长线切入,而不是直接由倒角点拐入,这样可以有效保护刀具,避免碰伤刀尖,也可以保证整个工件表面光洁程度(粗糙度)的一致性。在做倒角加工时,从倒角的延长线 a 点出发,直接到达倒角的尾部 c 点。如图 6-57 所示。

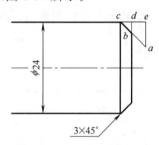

图 6-57 倒角加工图

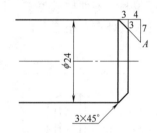

图 6-58 倒角切入点坐标计算

前端为 $3\times45°$ 的倒角,我们向 Z 轴的正方向延长 4mm,可以得出如图 6-58 所示的延长点。此时延长点的 Z 坐标值为 "4"(已知),下面求延长点 a 的 X 坐标值。根据相似三角形的比例关系可以求出线段 ae 的长度,$3/3=(3+4)/ae$,$ae=7$。

由于 ae 求出的是半径差值,而坐标按照直径值描写,所以延长点 a 的 X 坐标应为 $24-2ae=24-14=10$,得出延长点 a 的坐标为:(10,4)。

3. 恒线速度切削

"恒线速度切削"也叫固定线速度切削,它的含意是在车削非圆柱形内、外径时,车床主轴转速可以连续变化,以保持实时切削位置的切削线速度不变(恒定)。中档以上的数控车床一般都有这个功能。使用此功能不但可以提高工效,还可以提高加工表面的质量,即切削出的端面或锥面等的表面粗糙度一致性好。

线速度一般都有一个具体的数值,这个数值都是由刀具厂商给定的。这个数值在刀片设计生产后都会经过严密的计算。

计算公式如下:

$$V = \pi D n / 1000$$

式中　　V——线速度, m/min;

　　　　π——圆周率 (3.14);

　　　　D——外圆直径, mm;

　　　　n——转速, r/min。

g96 指定线速度,记住 g50 限速,不然车端面到中心附近转速增到机床最高。

g97s 取消恒线速。

例如:

G96 M03 S100 (恒线速 100m/min)

G50 S2000 (设定最高转速不超过 2000r/min)

任务四　端面槽配合件的设计与车削加工

一、任务导入

完成图 6-59、图 6-60 本体座和图 6-61 球盖所示组合工件的轮廓设计及内外轮廓的粗精加工程序编制。零件材料为 45 钢,图 6-62 为装配图。该组合工件在端面槽、内、外球面和内、外螺纹处存在相互配合。

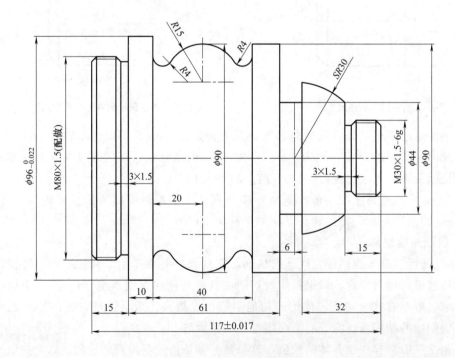

图 6-59　本体座外形图

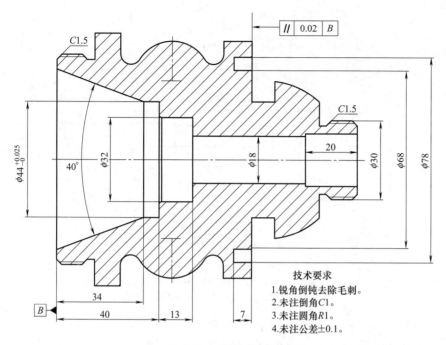

图 6-60 本体座剖视图

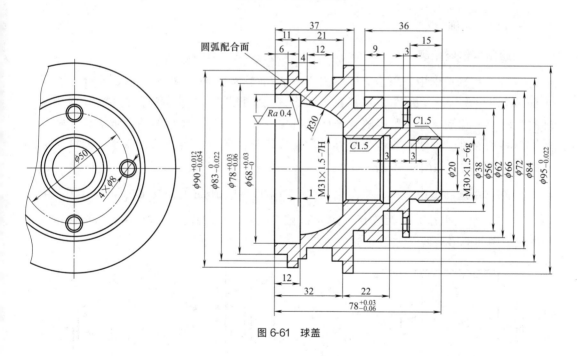

图 6-61 球盖

二、任务分析

读装配图和零件图,确定装配图是由本体座工件1和球盖工件2通过端面槽配合在一起的,并且中间有球面及螺纹相互配合。

加工顺序:先加工本体座工件1左侧,再调头加工本体座工件1右端外轮廓,切退刀槽的外轮廓凹槽;加工球盖工件2左端,切槽后加工球盖工件2左侧内孔部分,切槽加工

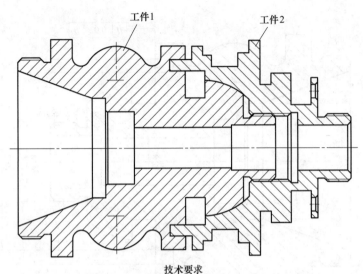

技术要求
1.各零件加工完成后清除杂物、铁屑、毛刺等,保持清洁。
2.装配时配合部位力度适当,不得动用扳手等辅助工具。

图 6-62　装配图

内螺纹,然后将球盖工件 2 旋入本体座工件 1 上。

三、任务实施

1. 绘制本体座轮廓

① 在常用选项卡中,单击绘图生成栏中的孔/轴按钮,用鼠标捕捉坐标零点为插入点,这时出现新的立即菜单,在【2:起始直径】和【3:终止直径】文本框中分别输入轴的直径 30,移动鼠标,则跟随着光标将出现一个长度动态变化的轴,键盘输入轴的长度 12,按回车键。继续修改其他段直径,输入长度值回车,右击结束命令,即可完成圆盘的外轮廓绘制。如图 6-63 所示。

② 在常用选项卡中,单击绘图生成栏中圆菜单下的圆心-半径按钮,输入圆心坐标(-35,0),输入半径 30,回车后完成 $R30$ 圆的绘制。单击修改生成栏中的裁剪按钮,单击裁剪中间的多余线。如图 6-64 所示。

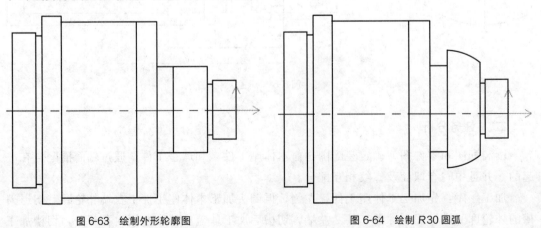

图 6-63　绘制外形轮廓图　　　　　图 6-64　绘制 $R30$ 圆弧

③ 在常用选项卡中，单击修改生成栏中的等距线按钮，在立即菜单中输入等距距离 30，单击中心线，单击向上箭头，完成等距线。单击绘图生成栏中圆菜单下的圆心-半径按钮，用鼠标捕捉交点作为圆心，输入半径 15，回车后完成 R15 圆的绘制。单击绘图生成栏中圆菜单下的两点-半径按钮，按空格键选择切点捕捉方式，捕捉左右两个切点，输入半径 4，回车后完成 R4 圆的绘制，如图 6-65 所示。

④ 在常用选项卡中，单击修改生成栏中的裁剪按钮，单击裁剪中间的多余线。如图 6-66 所示。

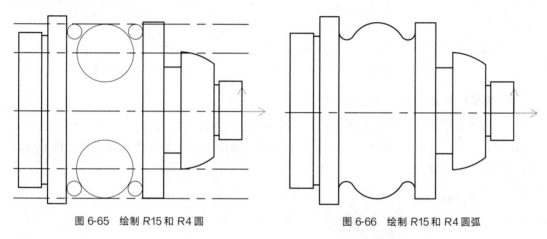

图 6-65　绘制 R15 和 R4 圆　　　　　图 6-66　绘制 R15 和 R4 圆弧

⑤ 在常用选项卡中，单击修改生成栏中的倒角按钮，在下面的立即菜单中，选择长度、裁剪，输入倒角距离 1，角度 45，拾取要倒角的第一条边线，拾取第二条边线，倒角完成，如图 6-67 所示。

⑥ 在常用选项卡中，单击绘图生成栏中的孔/轴按钮，用鼠标捕捉坐标零点为插入点，这时出现新的立即菜单，在【2：起始直径】和【3：终止直径】文本框中分别输入轴的直径 20，移动鼠标，则跟随着光标将出现一个长度动态变化的轴，键盘输入轴的长度 20，按回车键。继续修改其他段直径，输入长度值回车，右击结束命令，即可完成内轮廓线绘制。如图 6-68 所示。

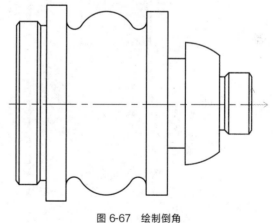

图 6-67　绘制倒角

⑦ 在常用选项卡中，单击绘图生成栏中的直线按钮，在立即菜单中，选择两点线、连续、非正交方式，捕捉左边斜线起点，输入下一点坐标（@40＜160），回车完成斜线绘制。如图 6-68 所示。

⑧ 在常用选项卡中，单击修改生成栏中的裁剪按钮，单击裁剪中间的多余线。单击绘图生成栏中的剖面线按钮，单击拾取上边环内一点，单击拾取下边环内一点，单

击右键结束，完成剖面线填充，如图 6-69 所示。

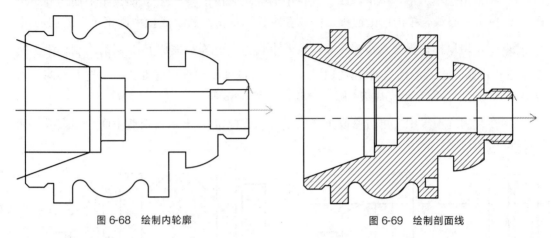

图 6-68　绘制内轮廓　　　　　　　　图 6-69　绘制剖面线

2. 右端轮廓加工

① 在"数控车"功能区选项卡中，点击创建毛坯图标 ⬛。弹出对话框，设置底面中心点（0，0，0），输入高度 122，半径 50，单击"确定"退出对话框，完成圆柱体毛坯创建，如图 6-70 所示。

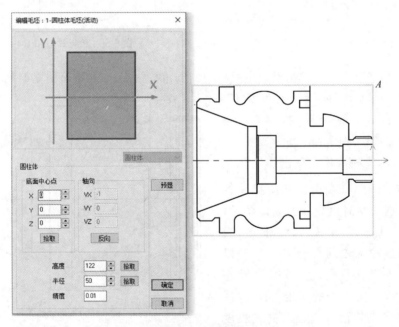

图 6-70　创建毛坯

② 在数控车选项卡中，单击二轴加工生成栏中的车削粗加工按钮 ⬛，弹出车削粗加工对话框，如图 6-71 所示。设置加工参数：加工表面类型选择外轮廓，加工方式选择行切，加工角度 180，切削行距设为 1，主偏干涉角 3，副偏干涉角设为 55，刀具半径补偿选择编程时考虑刀具半径补偿。

③ 选择 93°外圆车刀，刀尖半径设为 0.3，主副偏角 93，副偏角 55，刀具偏置方向为左偏，对刀点为刀尖尖点，刀片类型为普通刀片。如图 6-72 所示。

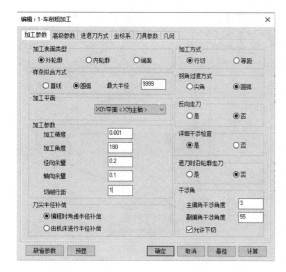

图 6-71 车削粗加工参数对话框

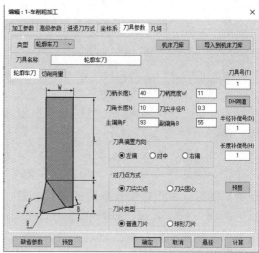

图 6-72 刀具参数设置

④ 在"车削粗加工"对话框中,选择几何页面,单击拾取被加工轮廓,当拾取第一条轮廓线后,系统给出提示:选择方向,按限制线拾取方式,拾取最后加工轮廓曲线。单击拾取进退刀点 A,单击"确定"退出"车削粗加工"对话框,系统会自动生成零件外轮廓加工轨迹,如图 6-73 所示。

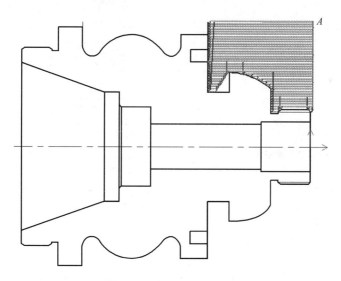

图 6-73 外轮廓粗加工轨迹

3. 外轮廓切槽加工

① 在常用选项卡中,单击绘图生成栏中的直线按钮,在立即菜单中,选择两点线、连续、正交方式,捕捉槽的右上角点,向上绘制 15.1mm 到 A 点,使 A 点高度和槽的左边高度一样,完成加工轮廓线绘制,如图 6-74 所示。

② 在数控车选项卡中,单击二轴加工生成栏中的车削槽加工按钮,弹出车削槽加工对话框,如图 6-75 所示。加工参数设置:切槽表面类型选择外轮廓,工艺类型选择:

粗加工＋精加工，加工方向选择纵向，加工余量0.2，切深行距设为1，退刀距离4，刀具半径补偿选择编程时考虑刀具半径补偿。

③ 选择宽度4mm的切槽刀，刀尖半径设为0.1，刀具位置5，编程刀位前刀尖，如图6-76所示。

④ 切削用量设置：进刀量25mm/min，主轴转速600r/min，单击"确定"退出对话框，采用单个拾取方式，拾取被加工轮廓，单击右键，拾取进退刀点A，结果生成切槽加工轨迹，如图6-77所示。

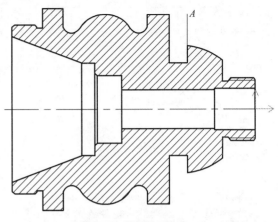

图6-74 绘制加工轮廓

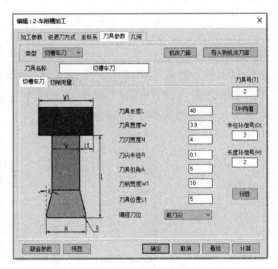

图6-75 切槽加工参数设置　　　　图6-76 切槽刀具参数设置

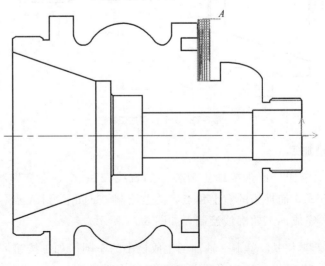

图6-77 切槽加工轨迹

4. 圆弧槽粗加工

① 在常用选项卡中，单击绘图生成栏中的直线按钮 ✏，在立即菜单中，选择两点线、连续、正交方式，捕捉左上角点，向上绘制 2mm，向右绘制 40mm 到 A 点，完成加工轮廓线绘制，如图 6-78 所示。

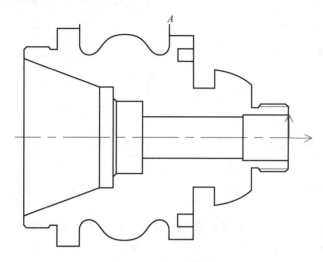

图 6-78　绘制毛坯轮廓

② 在数控车选项卡中，单击二轴加工生成栏中的车削粗加工按钮 ▦，弹出车削粗加工对话框，如图 6-79 所示。设置加工参数：加工表面类型选择外轮廓，加工方式选择等距，加工角度 180，切削行距设为 1，刀具半径补偿选择编程时考虑刀具半径补偿。

③ 选择 R2 的球刀，刀尖半径设为 2，副偏角 89，刀具偏置方向为对中，对刀点为刀尖尖点，刀片类型为球形刀片。如图 6-80 所示。

图 6-79　车削粗加工参数对话框

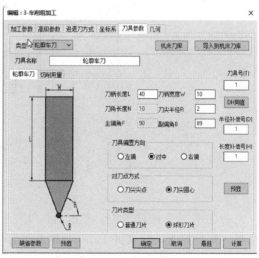

图 6-80　刀具参数设置

④ 单击"确定"退出对话框，采用单个拾取方式，拾取被加工轮廓，单击右键，拾取进退刀点 A，结果生成切槽外轮廓加工轨迹，如图 6-81 所示。

5. 圆弧槽精加工

① 将圆弧槽右边线延长到 A 点，完成加工轮廓线绘制，如图 6-82 所示。

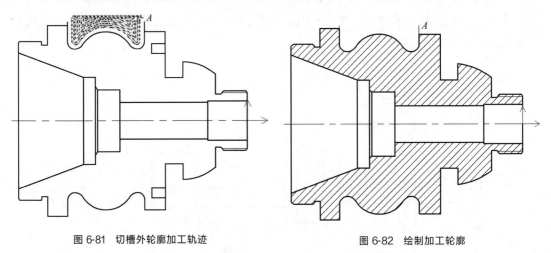

图 6-81　切槽外轮廓加工轨迹　　　　　图 6-82　绘制加工轮廓

② 在数控车选项卡中，单击二轴加工生成栏中的车削精加工按钮 ，弹出车削精加工对话框。设置加工参数：加工表面类型选择外轮廓，切削行数设为 1，径向余量 0，轴向余量 0，刀具半径补偿选择编程时考虑刀具半径补偿。

③ 选择 $R2$ 球刀，刀尖半径设为 2，副偏角 89，刀具偏置方向为对中，对刀点为刀尖尖点，刀片类型为球形刀片。

④ 单击"确定"退出对话框，采用单个拾取方式，拾取被加工轮廓，单击右键，拾取进退刀点 A，结果生成外轮廓精加工轨迹，如图 6-83 所示。

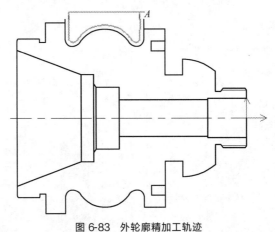

图 6-83　外轮廓精加工轨迹

⑤ 在数控车选项卡中，单击后置处理生成栏中的后置处理按钮 ，弹出后置处理对话框，选择控制系统文件 Fanuc，单击"拾取"按钮，拾取外轮廓精加工轨迹，然后单击"后置"按钮，弹出编辑代码对话框，如图 6-84 所示，生成外轮廓精加工程序。

6. 端面槽粗精加工

① 在常用选项卡中，单击绘图生成栏中的直线按钮 ，在立即菜单中，选择两点线、连续、正交方式，捕捉槽的右上角点，向右绘制 3mm 到 A 点，使 A 点长度和槽的

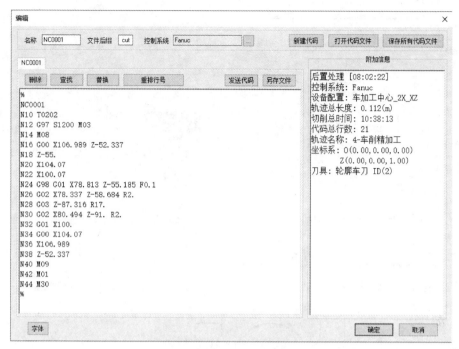

图 6-84 外轮廓精加工程序

下边长度一样,完成加工轮廓线绘制,如图 6-85 所示。

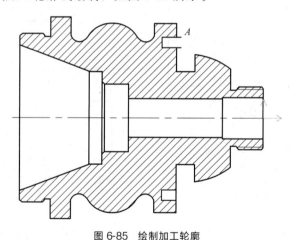

图 6-85 绘制加工轮廓

② 在数控车选项卡中,单击二轴加工生成栏中的车削槽加工按钮,弹出车削槽加工对话框,如图 6-86 所示。加工参数设置:切槽表面类型选择端面,加工工艺类型为粗加工+精加工,加工方向选择纵向,加工余量 0.2,切深行距设为 1,退刀距离 1,刀具半径补偿选择编程时考虑刀具半径补偿。

③ 选择宽度 3mm 的切槽刀,刀尖半径设为 0.1,刀具位置 5,编程刀位前刀尖,如图 6-87 所示。

④ 切削用量设置:进刀量 60mm/min,主轴转速 500r/min,单击"确定"退出对话框,采用单个拾取方式,拾取被加工轮廓,单击右键,拾取进退刀点 A,结果生成切槽加工轨迹,如图 6-88 所示。

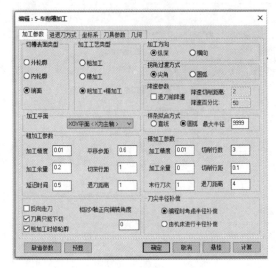
图 6-86 切槽加工参数设置

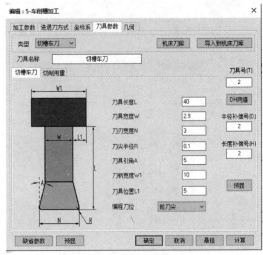
图 6-87 切槽刀具参数设置

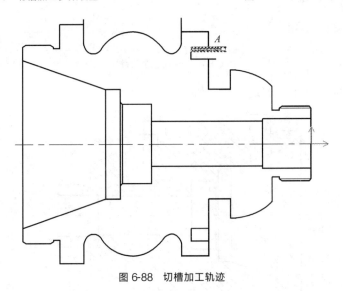
图 6-88 切槽加工轨迹

7. 绘制球盖轮廓

① 在常用选项卡中，单击绘图生成栏中的孔/轴按钮，用鼠标捕捉坐标零点为插入点，这时出现新的立即菜单，在【2：起始直径】和【3：终止直径】文本框中分别输入轴的直径 30，移动鼠标，则跟随着光标将出现一个长度动态变化的轴，键盘输入轴的长度 12，按回车键。继续修改其他段直径，输入长度值回车，右击结束命令，即可完成圆盘的外轮廓绘制。如图 6-89 所示。

② 在常用选项卡中，单击修改生成栏中的裁剪按钮，单击裁剪中间的多余线。单击绘图生成栏中圆菜单下的圆心-半径按钮，输入圆心坐标（-67，0），输入半径 30，回车后完成 R30 圆的绘制。如图 6-90 所示。

③ 在常用选项卡中，单击修改生成栏中的裁剪按钮，单击裁剪中间的多余线。如图 6-91 所示。

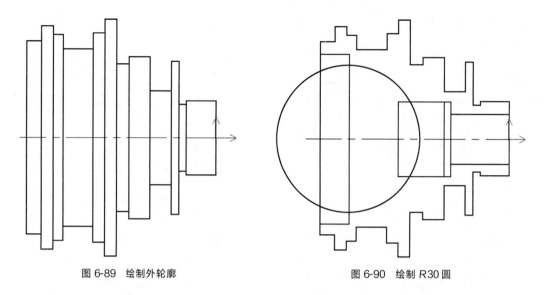

图 6-89 绘制外轮廓　　　　　　图 6-90 绘制 R30 圆

④ 绘制完右边的 R8 小圆孔后，单击绘图生成栏中的剖面线按钮，单击拾取上边环内一点，单击拾取下边环内一点，单击右键结束，完成剖面线填充，如图 6-92 所示。

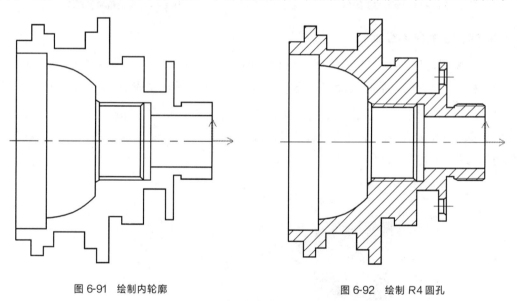

图 6-91 绘制内轮廓　　　　　　图 6-92 绘制 R4 圆孔

8. 球盖左侧切槽加工

① 在常用选项卡中，单击绘图生成栏中的直线按钮，在立即菜单中，选择两点线、连续、正交方式，捕捉槽的右上角点，向上绘制 4mm 到 A 点，使 A 点高度和槽的左边高度一样，完成加工轮廓线绘制，如图 6-93 所示。

② 在数控车选项卡中，单击二轴加工生成栏中的车削槽加工按钮，弹出车削槽加工对话框，设置加工参数：切槽表面类型选择外轮廓，加工方向选择纵向，加工余量 0.2，切深行距设为 1，退刀距离 4，刀具半径补偿选择编程时考虑刀具半径补偿。

③ 选择宽度 4mm 的切槽刀，刀尖半径设为 0.2，刀具位置 5，编程刀位前刀尖。切削用量设置：进刀量 60mm/min，主轴转速 500r/min，单击"确定"退出对话框，采用

单个拾取方式，拾取被加工轮廓，单击右键，拾取进退刀点 A，结果生成切槽加工轨迹，如图 6-94 所示。

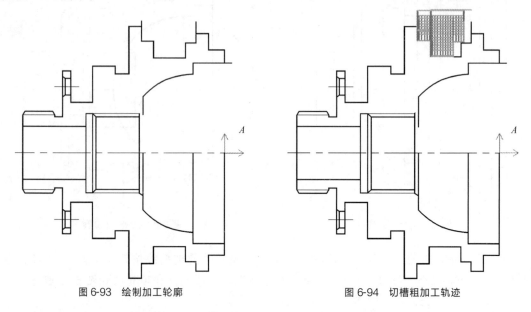

图 6-93 绘制加工轮廓　　　　　　图 6-94 切槽粗加工轨迹

9. 球盖左侧内轮廓加工

① 在常用选项卡中，单击绘图生成栏中的直线按钮，在立即菜单中，选择两点线、连续、正交方式，捕捉右交点，向右绘制 2mm 水平线，完成加工轮廓绘制。在"数控车"功能区选项卡中，点击创建毛坯图标。弹出对话框，选择圆柱环类型，底面中心 X 坐标 2，输入高度 34，半径 34，厚度 25，单击"确定"退出对话框，完成圆柱体毛坯创建，结果如图 6-95 所示。

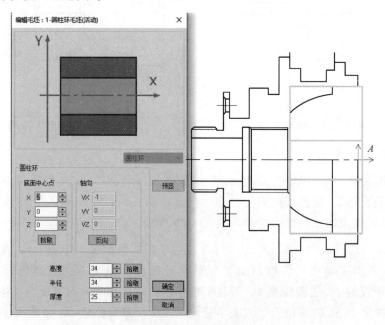

图 6-95 绘制加工轮廓

② 在数控车选项卡中，单击二轴加工生成栏中的车削粗加工按钮，弹出车削粗加工对话框，如图6-96所示。加工参数设置：加工表面类型选择内轮廓，加工方式选择行切，加工角度180，切削行距设为1，主偏干涉角3，副偏干涉角设为55，刀具半径补偿选择编程时考虑刀具半径补偿，拐角过渡方式设为圆弧过渡。

③ 选择55°内轮廓车刀，刀尖半径设为0.3，主偏角93，副偏角55，刀具偏置方向为左偏，对刀点为刀尖尖点，刀片类型为普通刀片。如图6-97所示。

图6-96 内轮廓加工参数设置

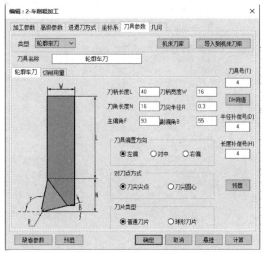

图6-97 内轮廓刀具参数设置

④ 单击"确定"退出对话框，采用单个拾取方式，拾取被加工轮廓，单击右键，拾取进退刀点A，结果生成零件内轮廓加工轨迹，如图6-98所示。

⑤ 在数控车选项卡中，单击后置处理生成栏中的后置处理按钮 **G**，弹出后置处理对话框，选择控制系统文件Fanuc，单击"拾取"按钮，拾取外轮廓粗加工轨迹，然后单击"后置"按钮，弹出编辑代码对话框，如图6-99所示，生成内轮廓粗加工程序。

10. 球盖左侧外轮廓加工

① 在常用选项卡中，单击绘图生成栏中的直线按钮，在立即菜单中，选择两点线、连续、正交方式，捕捉左上角点，

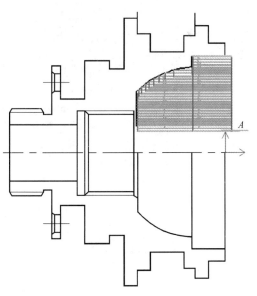

图6-98 内轮廓粗加工轨迹

向上绘制2mm，向右绘制9mm到A点，完成毛坯轮廓线绘制，如图6-100所示。

② 在数控车选项卡中，单击二轴加工生成栏中的车削粗加工按钮，弹出车削粗加工对话框，如图6-101所示。设置加工参数：加工表面类型选择外轮廓，加工方式选择行切，

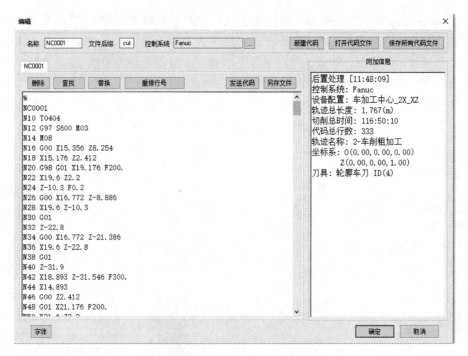

图 6-99 内轮廓粗加工程序

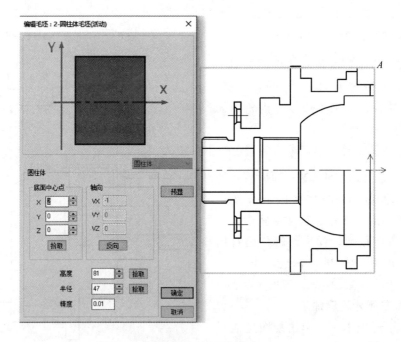

图 6-100 绘制毛坯轮廓

加工角度 180，切削行距设为 1，主偏干涉角 3，副偏干涉角设为 10，刀具半径补偿选择编程时考虑刀具半径补偿。

③选择 93°外圆车刀，刀尖半径设为 0.3，主副偏角 93，副偏角 10，刀具偏置方向为左偏，对刀点为刀尖尖点，刀片类型为普通刀片。如图 6-102 所示。

图 6-101 车削粗加工参数对话框

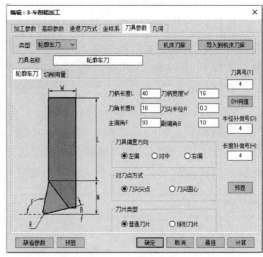

图 6-102 刀具参数设置

操作技巧及注意事项：考虑加工工件的几何形状，采用 93°外圆车刀加工外圆，当加工台阶时，主偏角应取 93°，精加工时，副偏角可取 10°～15°，粗加工时，副偏角可取 10°左右。

④ 单击"确定"退出对话框，采用单个拾取方式，拾取被加工轮廓，单击右键，拾取毛坯轮廓，毛坯轮廓拾取完后，单击右键，拾取进退刀点 A，结果生成零件外轮廓加工轨迹，如图 6-103 所示。

11. 球盖左侧内螺纹加工

① 选择几何页面，单击拾取螺纹起始点，螺纹终止点，进退刀点。如图 6-104 所示。

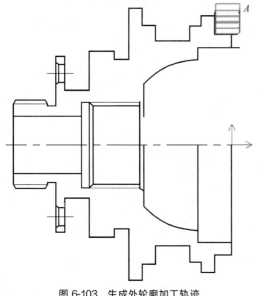

图 6-103 生成外轮廓加工轨迹

图 6-104 绘制内螺纹加工线

② 在数控车选项卡中，单击二轴加工生成栏中的车螺纹加工按钮 ，弹出车螺纹加工对话框。如图 6-105 所示。设置螺纹参数：选择螺纹类型为内螺纹，螺纹节距 1.5，螺

纹牙高 0.83，螺纹头数 1。切入延长量 2，切出延长量 2。

操作技巧及注意事项：在数控车床上车内螺纹时，沿螺距方向的 Z 向进给应和车床主轴的旋转保持严格的速比关系，因此应避免在进给机构加速或减速的过程中切削螺纹，所以要设切入量和切出量，车削螺纹时的切入量，一般为 2～5mm，切出量一般为 0.5～2.5mm。

③ 设置螺纹加工参数：选择粗加工＋精加工，粗加工深度 0.83，每行切削用量选择恒定切削面积，第一刀行距 0.4，最小行距 0.1，每行切入方式选择沿牙槽中心线。选择刀具角度 60 的螺纹刀具，选择刀具种类米制螺纹。设置切削用量：进刀量 1.5mm/r，选择恒转速，主轴转速设为 520r/min。如图 6-106 所示。

图 6-105　螺纹参数对话框　　　　图 6-106　内螺纹加工参数对话框

操作技巧及注意事项：粗加工＋精加工方式，根据指定粗加工深度完成粗加工后，再采用精加工方式加工。

④ 单击"确定"退出车螺纹加工对话框，系统自动生成内螺纹加工轨迹，如图 6-107 所示。

⑤ 在数控车选项卡中，单击后置处理生成栏中的后置处理按钮 G，弹出后置处理对话框，选择控制系统文件 Fanuc，单击"拾取"按钮，拾取加工轨迹，然后单击"后置"按钮，弹出编辑代码对话框，系统自动会生成内螺纹加工程序。如图 6-108 所示。

12. 配合加工

将工件 2 旋入工件 1，调试并修正工件 2，拆卸工件，去除毛刺，检查各项加工精度。详细过程省略。

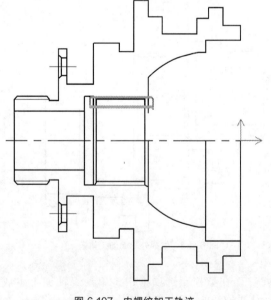

图 6-107　内螺纹加工轨迹

图 6-108　内螺纹加工程序

项目小结

  CAXA CAM 数控车 2023 软件具有 CAD 软件的强大绘图功能和完善的外部数据接口，可以绘制任意复杂的图形，可通过 DXF、IGES 等数据接口与其他系统交换数据。同时 CAXA CAM 数控车 2023 软件通用的后置处理模块使 CAXA CAM 数控车 2023 软件可以满足各种机床的代码格式，可输出 G 代码，并可对生成的代码进行校验及加工仿真。使用简洁的轨迹生成手段，可按加工要求生成各种复杂图形的加工轨迹。本项目通过 4 个综合应用实例，叙述了 CAXA CAM 数控车 2023 软件绘图及编程的操作过程，帮助读者开阔思路，灵活应用，提高 CAXA CAM 数控车 2023 软件应用的实践操作能力。

思考与练习

一、填空题

1. 在 CAXA CAM 数控车 2023 软件中，曲线有（　　）、（　　）、（　　）、（　　）、（　　）等类型。
2. 在 CAXA CAM 数控车 2023 软件系统的功能键中，显示缩小按（　　）键，显示放大按（　　）键，显示全部图形按（　　）键。
3. 用鼠标（　　）键可以确认拾取、结束操作或终止命令等。
4. CAXA CAM 数控车 2023 软件为用户提供了查询功能，可以查询（　　）、（　　）、（　　）、（　　）、（　　）、（　　）、（　　）等内容。
5. 机床设置是针对不同的（　　）、不同的（　　），设置特定的数控（　　）、数控（　　）及

（　　），并生成配置文件。

6. 裁剪操作分为（　　）、（　　）、（　　）三种方式。

7. 生成数控程序时，系统根据（　　）的定义，生成用户所需的特定代码格式的加工指令。

8. 激活点工具菜单用键盘的（　　）。

9. 生成代码就是按照当前机床类型的配置要求，把已经生成的（　　）转化生成 G 代码数据文件，即 CNC 数控程序，有了数控程序就可以直接输入机床进行数控加工。

10. 切深步距指粗车槽时，刀具每一次（　　）向切槽的切入量。

11. 螺纹加工可分为（　　）和（　　）两种。

12. 钻孔功能用于在工件的（　　）钻中心孔。

13. 进刀增量指深孔钻时每次（　　）量或镗孔时每次（　　）量。

14. 反向走刀时选择"否"，是指刀具按默认方向走刀，即刀具从 Z 轴（　　）向向 Z 轴（　　）向移动。

二、选择题

1. 下列指令属于准备功能字的是（　　）。
   A. G01　　　　B. M08　　　　C. T01　　　　D. S500

2. 根据加工零件图样选定的编制零件程序的原点是（　　）。
   A. 机床原点　　B. 编程原点　　C. 加工原点　　D. 刀具原点

3. 通过当前的刀位点来设定加工坐标系的原点，不产生机床运动的指令是（　　）。
   A. G54　　　　B. G53　　　　C. G55　　　　D. G92

4. CAXA CAM 数控车 2023 软件预定了一些快捷键，其中"打开"用（　　）表示。
   A. Ctrl+O　　　B. Ctrl+S　　　C. Alt+X

5. 圆弧的相切方式与（　　）的位置相关。
   A. 鼠标右键　　B. 鼠标左键　　C. 所选切点

6. 数控机床有不同的运动形式，需要考虑工件与刀具相对运动关系及坐标系方向，编写程序时，采用（　　）的原则编写程序。
   A. 刀具固定不动，工件移动　　　　B. 工件固定不动，刀具移动
   C. 分析机床运动关系后再根据实际情况确定　　D. 由机床说明书说明

7. 进给功能字 F 后的数字表示（　　）。
   A. 每分钟进给量（mm/min）　　B. 每秒钟进给量（mm/s）
   C. 每转进给量（mm/r）　　　　D. 螺纹螺距（mm）

8. CAXA CAM 数控车 2023 软件提供的代码反读就是把生成的 G 代码文件反读进来，生成（　　）。
   A. 刀具轨迹　　B. 加工程序　　C. 数控指令　　D. A、B、C 都可以

9. 在 CAXA CAM 数控车 2023 软件中指令 G01 是（　　）。
   A. 直线插补　　B. 顺圆插补　　C. 逆圆插补

10. 在 CAXA CAM 数控车 2023 软件中控制主轴停的指令是（　　）。
    A. M03　　　　B. M04　　　　C. M05

三、判断题

1. CAXA CAM 数控车 2023 软件一般规定 G86 为螺纹车削循环指令。（　　）

2. 被加工轮廓和毛坯轮廓不能单独闭合或自相交。（　　）

3. CAXA CAM 数控车 2023 软件可对已有的加工轨迹进行加工过程模拟，以检查加工轨迹的正确性。（　　）

4. G00 快速点定位指令控制刀具沿直线快速移动到目标位置。（　　）

5. CAXA CAM 数控车 2023 软件预定了一些快捷键，其中"粘贴"用 Ctrl+N 表示。（　　）

四、简答题

1. CAXA CAM 数控车 2023 软件能实现实体仿真吗?
2. 简述 CAXA CAM 数控车 2023 软件的仿真过程。
3. 切槽时应如何选择刀具?
4. CAXA CAM 数控车 2023 软件能实现哪些加工?
5. CAXA CAM 数控车 2023 软件能实现哪些孔的加工?
6. 什么是两轴加工?

五、编程题

加工图 6-109、图 6-110 所示零件。根据图样尺寸及技术要求,完成下列内容。

1. 完成零件的车削加工造型。
2. 对该零件进行加工工艺分析,填写数控加工工艺卡片。
3. 根据工艺卡中的加工顺序,进行零件的轮廓粗/精加工、切槽加工和螺纹加工,生成加工轨迹。
4. 进行机床参数设置和后置处理,生成 NC 加工程序。

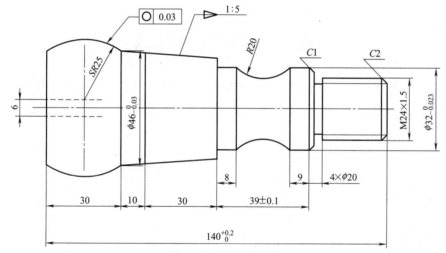

图 6-109 球形轴零件图

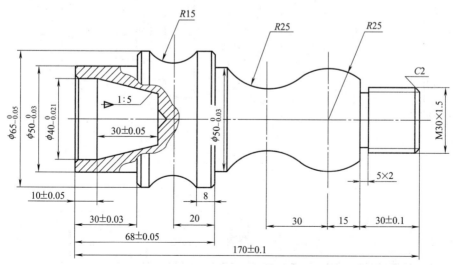

图 6-110 成形面轴零件图

项目七

实训练习

任务一 轴类零件加工练习

加工图 7-1～图 7-5 所示的零件。根据图样尺寸及技术要求，完成下列内容。

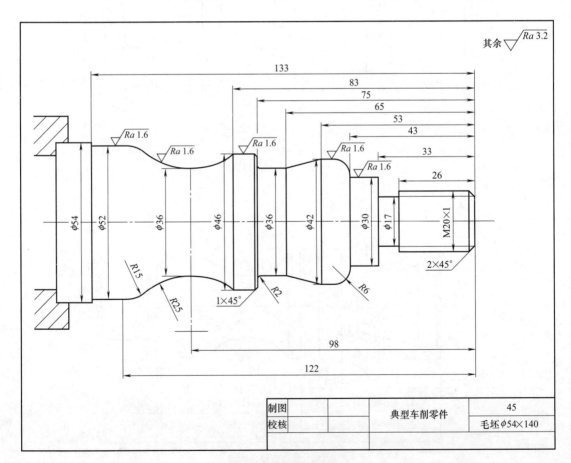

图 7-1 典型轴类零件图（一）

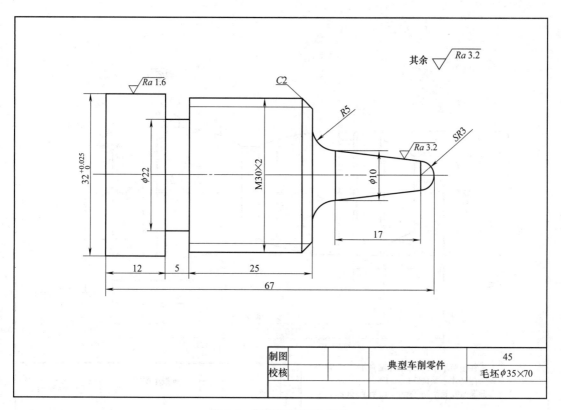

图 7-2 典型轴类零件图（二）

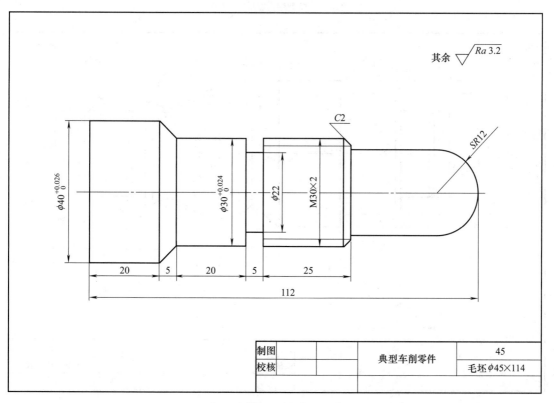

图 7-3 典型轴类零件图（三）

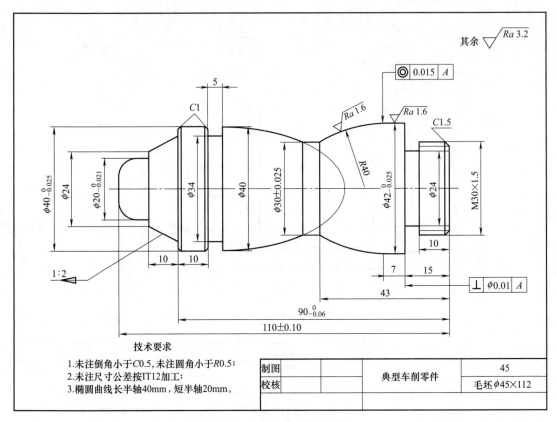

图 7-4 典型轴类零件图（四）

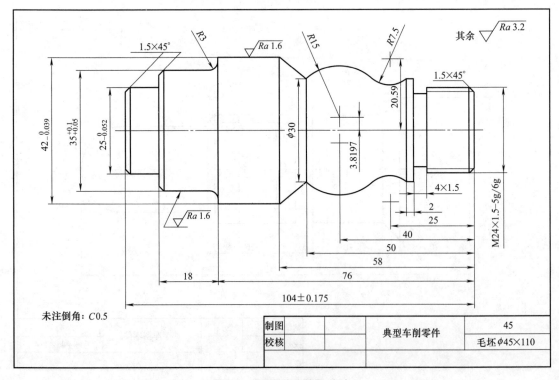

图 7-5 典型轴类零件图（五）

① 完成零件的车削加工造型（建模）。
② 对该零件进行加工工艺分析，填写数控加工工艺卡片。
③ 根据工艺卡中的加工顺序，进行零件的轮廓粗/精加工、切槽加工和螺纹加工，生成加工轨迹。
④ 进行机床参数设置和后置处理，生成 NC 加工程序。
⑤ 将造型、加工轨迹和 NC 加工程序文件保存到指定服务器上。

任务二　孔轴类零件加工练习

加工图 7-6～图 7-10 所示的零件。根据图样尺寸及技术要求，完成下列内容。
① 完成零件的车削加工造型（建模）。
② 对该零件进行加工工艺分析，填写数控加工工艺卡片。

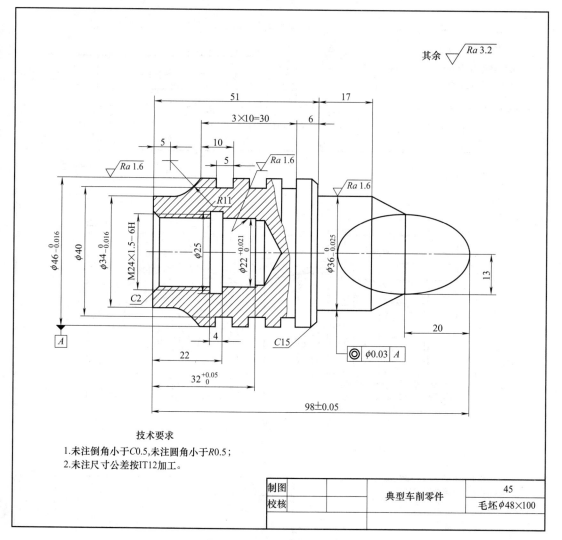

图 7-6　典型孔轴类零件图（一）

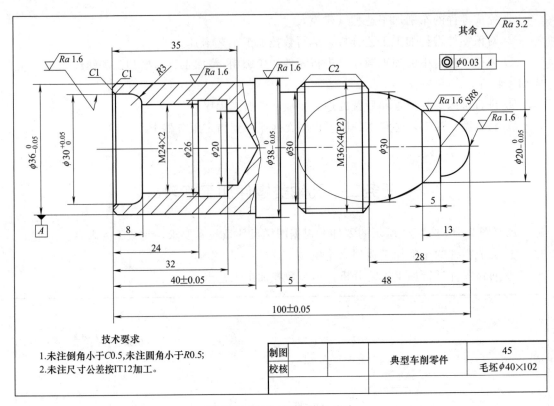

图 7-7 典型孔轴类零件图（二）

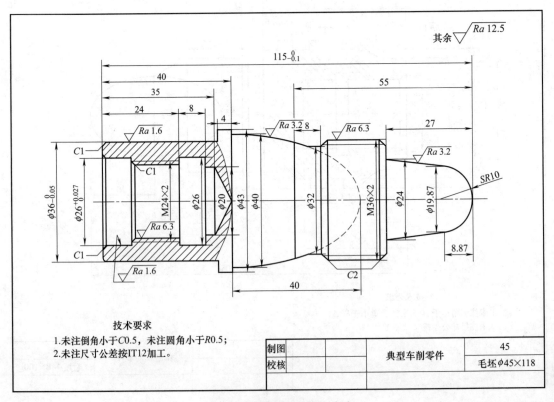

图 7-8 典型孔轴类零件图（三）

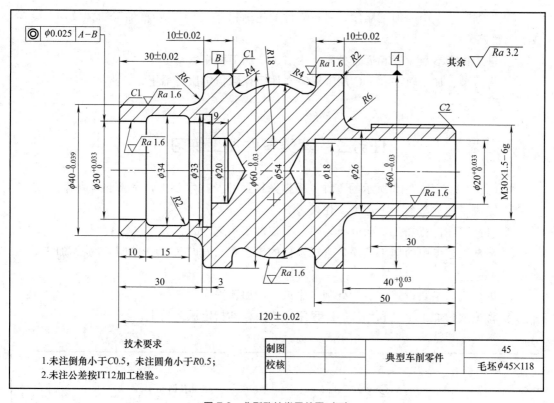

图 7-9 典型孔轴类零件图（四）

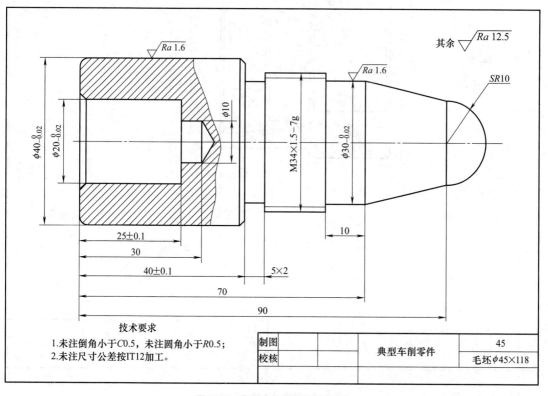

图 7-10 典型孔轴类零件图（五）

③ 根据工艺卡中的加工顺序，进行零件的轮廓粗/精加工、切槽加工和螺纹加工，生成加工轨迹。

④ 进行机床参数设置和后置处理，生成 NC 加工程序。

⑤ 将造型、加工轨迹和 NC 加工程序文件保存到指定服务器上。

任务三　套类零件加工练习

加工图 7-11～图 7-15 所示的零件。根据图样尺寸及技术要求，完成下列内容。

① 完成零件的车削加工造型（建模）。

② 对该零件进行加工工艺分析，填写数控加工工艺卡片。

③ 根据工艺卡中的加工顺序，进行零件的轮廓粗/精加工、切槽加工和螺纹加工，生成加工轨迹。

④ 进行机床参数设置和后置处理，生成 NC 加工程序。

⑤ 将造型、加工轨迹和 NC 加工程序文件保存到指定服务器上。

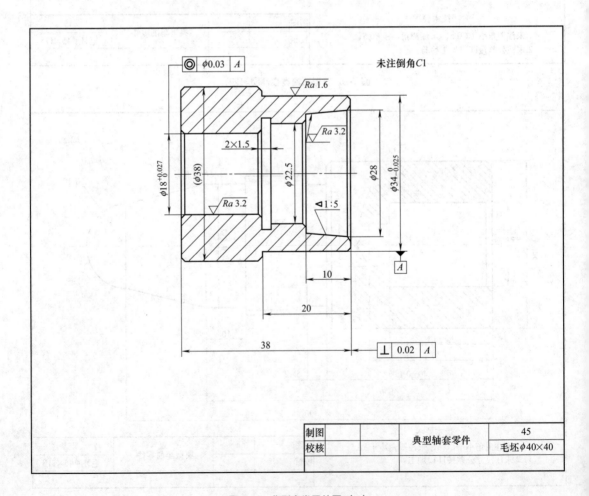

图 7-11　典型套类零件图（一）

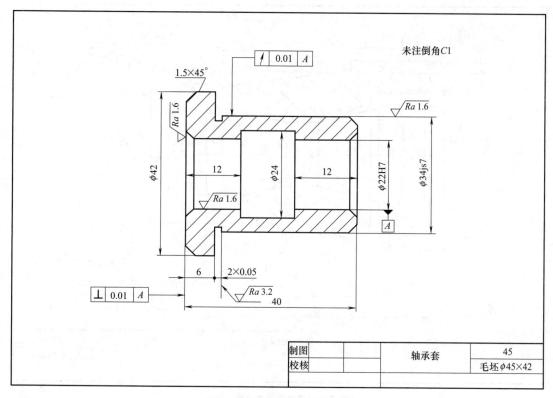

图 7-12 典型套类零件图（二）

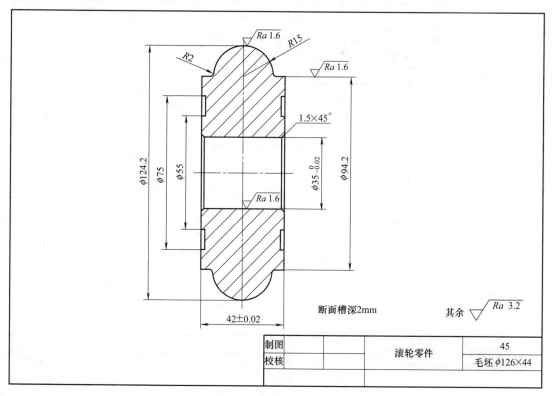

图 7-13 典型套类零件图（三）

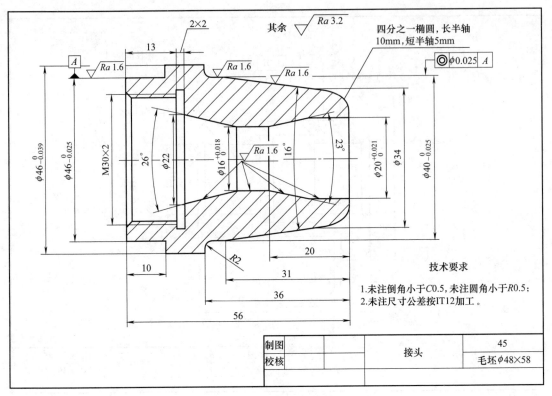

图 7-14 典型套类零件图（四）

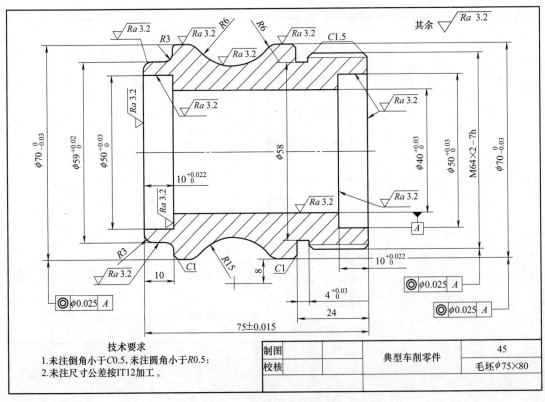

图 7-15 典型套类零件图（五）

任务四 配合件加工练习

1. 完成图 7-16 工件 1 和图 7-17 工件 2 所示组合工件的轮廓设计及内外轮廓的粗精加工程序编制。图 7-18、图 7-19、图 7-20 为配合图，已知件 1 毛坯尺寸为毛坯材料 $\phi 50mm \times 120mm$，件 2 毛坯尺寸为 $\phi 55mm \times 90mm$，材料为 45 钢。

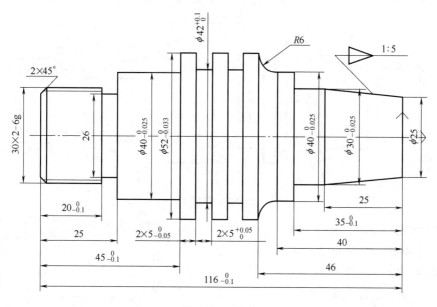

图 7-16 工件 1

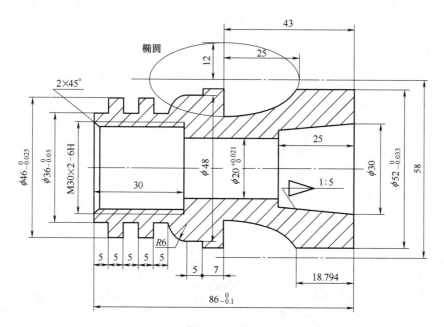

图 7-17 工件 2

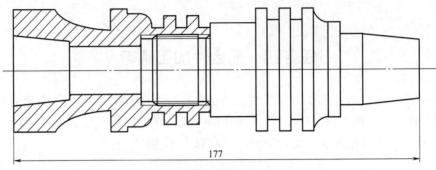

图 7-18 配合 1

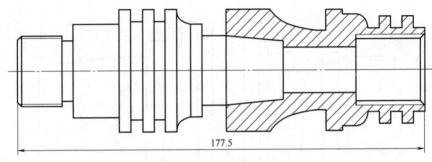

图 7-19 配合 2

2. 完成图 7-21 工件 1、图 7-22 工件 2 和图 7-23 工件 3 所示组合工件的轮廓设计及内外轮廓的粗精加工程序编制。图 7-24 为配合图，已知工件 1 毛坯尺寸为毛坯材料 $\phi 60mm \times 55mm$，工件 2 毛坯尺寸为 $\phi 70mm \times 65mm$，工件 3 毛坯尺寸为 $\phi 80mm \times 65mm$，材料为 45 钢。

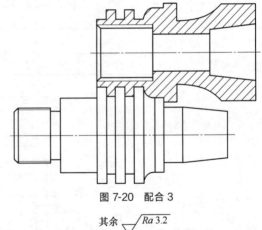

图 7-20 配合 3

其余 $\sqrt{Ra\ 3.2}$

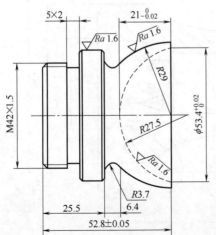

技术要求
1. 去除毛刺飞边。
2. 零件加工表面上，不应有划痕、擦伤等损伤零件表面的缺陷。
3. 未注倒角均为 1×45°。
4. 未注线性尺寸公差应符合 GB/T 1804—2000 的要求。

图 7-21 工件 1

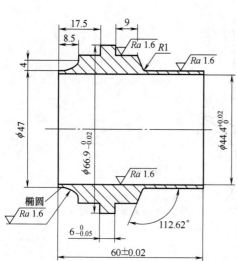

技术要求
1. 去除毛刺飞边。
2. 球表面上，不应有划痕、擦伤等损伤零件表面的缺陷。
3. 所有锐角倒钝。
4. 未注线性尺寸公差应符合GB/T 1804—2000的要求。

图 7-22　工件 2

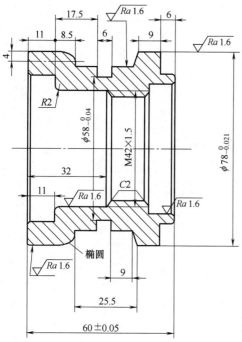

技术要求
1. 去除毛刺飞边。
2. 球表面上，不应有划痕、擦伤等损伤零件表面的缺陷。
3. 未注圆角$R1$，未注倒角$C1$。
4. 未注线性尺寸公差应符合GB/T 1804—2000的要求。

图 7-23　工件 3

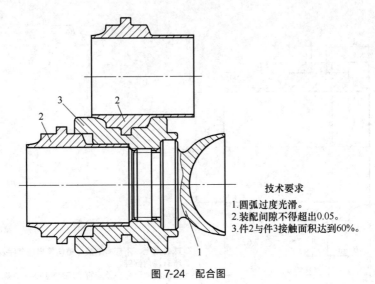

图 7-24 配合图
1—工件 1；2—工件 2；3—工件 3

思考与练习答案

项目一　CAXA CAM 数控车 2023 软件基本操作

一、填空题

1. 空格，点，选择集合
2. F1，F3
3. 坐标点，两点距离，角度，元素属性

二、选择题

1. A　2. C　3. C　4. B

三、判断题

1. ×　2. √　3. ×　4. ×

四、简答题

1. 答：

① 车削粗加工支持毛坯根据粗加工轨迹自动更新，在"高级参数"选项可以勾选自动更新毛坯。

② 新增支持自定义刀具，支持加载非标刀具计算轨迹生成。

③ 数控车车削粗加工"高级参数"可勾选分段车削，支持以数量或者长度两种方式进行分度车削。

④ 车削粗加工"高级参数"可勾选断屑，支持切削长度和切削时间两种方式进行断屑处理。

⑤ 新增"端面轮廓交替车"，支持：端面轮廓交替、仅端面、仅外轮廓、先端面后轮廓、先外轮廓后端面多种方式。

⑥ 车削粗加工和车削槽加工新增退刀前切削参数控制，支持自定义切削轨迹距离退刀前一段距离可以单独控制切削速度。

⑦ 车削精加工切削行数设置多行时，每行切削余量可单独控制。

⑧ 车螺纹加工支持三角螺纹、梯形螺纹、方形螺纹设置螺纹螺距后自动计算螺纹牙高。

⑨ 支持对刀具轨迹进行二维实体仿真，可以通过调整步长控制仿真速度。

2. 答：CAXA CAM 数控车 2023 软件传统界面由标题栏、菜单栏、绘图区、工具栏和状态栏等组成。

标题栏用于显示程序图标以及当前正在运行文件的名字等信息。菜单栏包括了CAXA CAM 数控车 2023 软件的大部分功能和命令，通过单击菜单命令，可以调用相应的功能和命令。绘图区是用户进行绘图设计的工作区域，用户所有的工作结果都反映在这个窗口中。工具栏是 CAXA 数控车提供的一种调用命令的方式，其包含多个由图标表示的命令按钮，单击这些图标按钮，可以调用相应的命令。状态栏用来反映当前的绘图状态，状态栏左端是命令提示栏，提示用户当前动作；状态栏中部为操作指导栏和工具状态栏，用来指出用户的不当操作和当前的工具状态；状态栏右端是当前光标的坐标位置。

按 F9 键切换到新风格界面，新风格界面主要使用功能区、快速启动工具栏和菜单按钮访问常用命令。

3. 答：鼠标左键用以激活菜单、确定位置点或拾取元素等，鼠标右键用以确认拾取、结束操作或终止命令等。

4. 答：当按下 F6 键时，将启动栅格。

5. 答：一种方法可以在菜单栏或其他功能区空白处右击，弹出工具条菜单项，在该功能菜单项前打上√，则在界面上出现该功能工具条；另一种方法可通过单击主菜单中的"设置"→"自定义"命令，CAXA CAM 数控车 2023 软件会弹出"自定义"对话框，在工具栏中的相应功能栏前的复选框中打上√，单击"关闭"按钮，也会在界面上出现相应的功能工具条。

6. 答："新建"是创建一个新的 CAXA CAM 数控车 2023 软件文件，而"打开"则是打开一个已有的数据文件；"保存"是将当前绘制的图形文件以当前的文件名（*.mxe）存储到磁盘上，而"另存为"则是将当前绘制的图形另取一个文件名存储到磁盘上。

五、作图题
略

项目二　CAXA CAM 数控车 2023 软件平面图形绘制

一、填空题

1. 快速裁剪、拾取边界裁剪和批量裁剪
2. 圆弧、三点圆弧、圆心起点圆心角、两点半径、圆心半径起终角、起点终点圆心角、起点半径起终角
3. 捕捉最近的特征点
4. 工具点，空格，工具点

二、选择题

1. A　2. C　3. A　4. A　5. B　6. A

三、简答题

1. 答：8 种，分别是直线、两点线、角度线、角等分线、切线/法线、等分线、射线和构造线等 8 种方式。

2. 答：有平移、旋转、镜像、阵列、缩放等。

3. 答：工具菜单是指将操作过程中需频繁使用的命令选项，分类组合在一起而形成的菜单。当操作中需要某一特征量时，只要按下空格键，即在屏幕上弹出工具菜单。工具菜单包括点工具菜单和选择集合工具菜单。

立即菜单：CAXA CAM 数控车 2023 软件在执行某些命令时，会在特征树下方弹出一个选项窗口，该窗为立即菜单。其描述了该项命令的各种情况和使用条件，用户根据当前的作图要求，正确地选择某一选项，即可得到准确的响应。

4. 答：一是在菜单栏或其他功能区空白处右击，得到选择工具条菜单项，在"绘图工具"菜单项前的复选框中打上"√"，则在界面上出现"绘图工具"条；二是单击主菜单中的"设置"→"自定义"命令，CAXA CAM 数控车 2023 软件会弹出"自定义"对话框，在工具栏中的"绘图工具"前面的复选框中打上"√"，单击"关闭"按钮，也会在界面上出现"绘图工具"条。

四、作图题

略

项目三　CAXA CAM 数控车 2023 软件零件编程与仿真加工

一、填空题

1. 绝对，增量

2. 通常设置、运动设置、主轴设置、地址设置、关联设置、程序设置、循环、车削、设备。

3. 轮廓车刀，切槽车刀，螺纹车刀，钻头

4. 主轴转速，接近速度，进给速度，退刀速度

5. 外轮廓，内轮廓，端面，加工轨迹，数控代码

6. 链，单个拾取，链拾取，限制链拾取

7. 右键

二、选择题

1. C　2. B　3. B　4. A　5. B

三、判断题

1. √　2. ×　3. ×　4. √　5. ×　6. ×

四、简答题

1. 答：置当前刀具就是将当前的刀具设置为在当前加工中要使用的刀具，在加工轨迹的生成中要使用当前刀具的刀具参数。

2. 答：

① 机床设置的作用：针对不同的机床、不同的数控系统，设置特定的数控代码、数控程序格式及参数，并生成配置文件。生成数控程序时，系统根据该配置文件的定义，生成用户所需的特定代码格式的加工指令。

② 后置处理的作用：针对特定的机床，结合已经设置好的机床配置，对后置输出的

数控程序的格式，如程序段行号、程序大小、数据格式、编程方式、圆弧控制方式等进行设置。

3. 答：通过设置系统配置参数，后置处理所生成的数控程序，可直接输入数控机床或加工中心进行加工，而无须进行修改。如已有的机床类型中没有所需的机床，可增加新的机床类型以满足使用需求，这时应对新增的机床进行设置。

4. 答：在轮廓粗车中，被加工轮廓不能大于毛坯轮廓。

5. 答：在绘制被加工轮廓和创建毛坯时，一定要注意被加工轮廓不能有重线，也不能有断点，被加工轮廓不能大于毛坯轮廓。

6. 答：在切槽需拾取轮廓时，状态栏提示用户选择轮廓线，如采用"单个链拾取"方式，则按顺序依次拾取；如采用"限制链拾取"方式，系统继续提示选取限制线，分别拾取凹槽的左边和右边，凹槽部分变成红色虚线，按鼠标右键确定。

五、作图题

略

项目四　CAXA CAM 数控车 2023 软件工艺品零件编程与仿真加工

一、填空题

1. 轮廓，实际刀尖半径

2. 正，负

3. 直线

4. 外轮廓，内轮廓，端，工件表面，闭合，自相交

5. 加工参数，切削用量，切槽车刀

6. 纵，X

二、选择题

1. C　2. C　3. C　4. B　5. B　6. C　7. C　8. B　9. C　10. B　11. A

三、判断题

1. ×　2. ×　3. ×　4. √　5. √

四、简答题

1. 答：非固定循环方式适应螺纹加工中的各种工艺条件、加工方式，进行更为灵活的控制；而固定循环加工方式加工螺纹，输出的代码适用于西门子 840C/940 控制器。

2. 答：轮廓粗/精车加工、切槽加工、螺纹加工、钻孔加工。

3. 答：CAXA CAM 数控车 2023 软件有以下三个基本特点。

① 功能驱动方式。CAXA CAM 数控车 2023 软件采用功能区、菜单驱动、工具栏驱动和快捷键（热键）驱动相结合的方式。

② 弹出菜单。CAXA CAM 数控车 2023 软件的弹出菜单是当前命令状态下的子命令，通过空格键弹出，不同的命令执行状态，可能有不同的子命令。

③ 工具栏驱动。与其他 Windows 应用程序一样，为比较熟练的用户提供了工具栏命令驱动方式，把用户经常使用的功能分类组成工具组，放在显眼的地方以方便用户使用。

五、作图题
略

项目五　CAXA CAM 数控车 2023 软件特殊编程加工方法

一、填空题
1. 非固定循环，固定循环，车螺纹，固定循环加工
2. 两，三，鼠标右，鼠标右
3. 切入，螺纹始
4. 旋转中心，高速啄式深孔钻，左攻螺纹，精镗孔，钻孔，镗孔，反镗孔
5. 进刀，侧进
6. 底部
7. 曲线生成，公式曲线
8. 点，直线，圆弧，样条，组合曲线
9. 机床，数控系统，代码，程序格式，参数
10. 配置文件

二、选择题
1. C　2. C　3. C　4. B　5. B　6. A　7. C　8. C　9. B　10. C

三、简答题
1. 答：在 CAXA CAM 数控车 2023 软件系统中当需要轮廓精车时并不需要创建毛坯。因为在轮廓粗加工中已经把毛坯中大多数余量去除了，精车只需要保证尺寸和表面质量即可，所以在轮廓精车时并不需要创建毛坯。

2. 答：在应用 CAXA CAM 数控车 2023 软件进行轮廓粗车与轮廓精车时，两者的刀具轨迹并不相同。

精加工产生刀具轨迹与被加工零件的轮廓线是相似的，严格按照轮廓曲线形状走刀，轨迹为连续的曲线；粗加工轨迹是根据被加工零件的轮廓，以尽量去除多余材料，以提高生产效率为目的而生成的刀具轨迹。

3. 答：CAXA CAM 数控车 2023 软件只能绘制二维平面图形，因为在使用这个软件进行自动编程时，不需要建立零件的实体模型。

四、作图题
略

项目六　CAXA CAM 数控车 2023 软件自动编程综合实例

一、填空题
1. 点，直线，圆弧，样条，组合曲线
2. 滚轮滚动，滚轮滚动，F3

3. 右

4. 点的坐标、两点间距离、角度、元素属性、面积、重心、周长

5. 机床，数控系统，代码，程序格式，参数

6. 快速裁剪、拾取边界裁剪、批量裁剪

7. 配置文件

8. 空格键

9. 加工轨迹

10. 纵

11. 普通螺纹加工，异形螺纹加工

12. 旋转中心

13. 进刀，侧进

14. 正，负

二、选择题

1. A　2. B　3. D　4. A　5. C　6. B　7. A　8. A　9. A　10. C

三、判断题

1. ×　2. √　3. √　4. √　5. ×

四、简答题

1. 答：可以实现实体仿真。

2. 答：

① 在"数控车"功能区选项卡"仿真"功能区面板中选取"线框仿真"按钮。

② 拾取要仿真的加工轨迹，此时可使用系统提供的选择拾取工具。

③ 按鼠标右键结束拾取，系统弹出"线框仿真"对话框，按"前进"键开始仿真。仿真过程中可进行暂停、上一步、下一步、终止和速度调节等操作。

④ 仿真结束，可以按"回首点"键重新仿真，或者关闭"线框仿真"对话框终止仿真。

3. 答：一般铣削通槽，可以使用三面刃的盘铣刀。当然，也可以用键槽铣刀或者立铣刀。如果是铣不通槽，一般都会使用立铣刀加工。如果对槽的尺寸精度要求高，则可以使用键槽铣刀加工。

4. 答：轮廓粗车、精车加工，切槽加工，螺纹加工，钻孔加工，端面区域粗加工等。

5. 答：钻中心孔、径向 G01 钻孔和端面 G01 钻孔。

6. 答：两坐标联动的三坐标行切法加工 X、Y、Z 三轴中任意两轴做联动插补，第三轴做单独的周期进刀，称为两轴半坐标联动。常在曲率变化不大及精度要求不高的粗加工中使用。

五、编程题

略

参考文献

[1] 宛剑业. CAXA 数控车实用教程 [M]. 北京：化学工业出版社，2009.
[2] 吕斌杰. CAXA 数控车自动编程实例培训教程 [M]. 北京：化学工业出版社，2013.
[3] 钱海云. CAXA 数控车 [M]. 成都：西南交通大学出版社，2015.
[4] 刘玉春. 数控编程技术项目教程 [M]. 北京：机械工业出版社，2016.
[5] 刘玉春. CAXA 数控车 2015 项目案例教程 [M]. 北京：化学工业出版社，2018.
[6] 刘玉春. CAXA 数控车 2020 自动编程基础教程. 北京：北京理工大学出版社，2021.
[7] 刘玉春. CAXA CAM 数控车削 2020 项目案例教程. 北京：化学工业出版社，2022.
[8] 刘玉春. CAXA 数控加工自动编程经典实例教程 [M]. 北京：机械工业出版社，2021.
[9] 刘玉春. CAXA CAM 数控车削加工自动编程经典实例 [M]. 北京：化学工业出版社，2021.
[10] 刘玉春. CAXA CAM 制造工程师 2022 项目案例教程. 北京：化学工业出版社，2023.